Macao

International

Design

Exhibition

03

第三届"金莲花杯"国际设计大师邀请赛获奖作品集
Awards-3rd Golden Lotus International Design Invitational Tournament

符军 编著
澳门国际设计联合会 策划

江苏凤凰科学技术出版社

中国工程院院士
中国建筑西北设计研究院总建筑师
澳门国际设计联合会永远荣誉会长
Academicians of Chinese Academy of Engineering
Chief architect of China Northwest Architecture
Design and Research Institute
Forever Honorary President of UIDM

张锦秋
Zhang Jinqiu

2016澳门国际设计联展以"融合"为主题，发挥澳门中西文化结合的特色，牵手国际大咖，打造国际设计比赛、学术交流的盛会，受到社会各界的广泛好评。

2016澳门国际设计联展第三届"金莲花杯"国际设计大师邀请赛中荣膺"设计中国"建筑设计终身成就奖，获此殊荣，我认为不仅是个人荣誉，它是发扬中国建筑优秀传统文化的继承者，特别是老一代铸造工作者的集体荣誉，在此，我致以深深的敬意和谢意！

中国建筑优秀传统文化是中华文化的重要组成部分，是中华民族在中华大地长期生存实践中萌生、创造、发展而成的，充分反映出中国特色、民族特性、与时俱进的时代特征，具有穿越时空的恒久魅力。城市的灵魂在于文化，城市的魅力在于特色。发展中国建筑文化，需要着眼于促进历史文化与当代生活的和谐、人与城市的和谐、人与自然的和谐、人与人的和谐。期待中国建筑优秀传统文化在新时代再创辉煌。

张锦秋

2016 Macao International Design Exhibition takes "Fusion" as the theme to show the Macao unique characteristic, the combination of Chinese and Western culture. The exhibition cooperates with international elite in design fields and aims to create the international design competition and academic exchange forum. It is widely praised by society.

I honored with the Architecture Design Lifetime Achievement Award of Design China in 2016 The Third Golden Lotus International Design Invitational Tournament. In my opinion, this award represents not merely personal honor, it means the inheritor of Chinese traditional architectural culture, especially is the collective honor of the older generation foundry men. I take this opportunity to express my deep respect and gratitude.

The spectacular traditional culture of Chinese architecture is an important component of Chinese culture. It was originated, created, and developed by Chinese people through centuries of experiences and practices. It fully reflects the Chinese and national characteristics. It also has the everlasting time traveled charm and the characteristics of keeping pace with time. The soul of the city depends on the culture, and the charm of the city relies on the unique characteristic. The development of architectural culture needs to focus on promoting the harmony between historic culture and contemporary life, the harmony between human and city, the harmony between human and nature, as well as the harmony between human and human. I expect that the Chinese traditional architectural culture will create greater glories in the new era.

Zhang Jinqiu

2016年11月，很荣幸作为澳门国际设计联合会永远荣誉会长参加2016澳门国际设计联展这次国际高端设计盛会。它促进了设计行业的深度合作，推动了大中华区乃至世界设计行业的繁荣发展。

我一直坚持产、学、研相结合的发展道路，建筑是一门以人为本的实用性学科，建筑师应在一线参加工程实践。建筑师要有创新精神，要有不断自我否定的勇气，要重视原创性思维的培养。一个建筑师的素养，既包括他的专业技能，也包括他的创作哲理、人品和合作精神，四者同等重要。成为一个成功的建筑师，勤奋、才能、人品和机遇缺一不可。

此次展会，我看到了行业精英在第三届"金莲花杯"国际设计大师邀请赛中贡献出越来越多杰出的作品，欣喜地看到又一批青年才俊出现在国际的大舞台。期待澳门国际设计联展继续发挥国际交流平台作用，促进建筑设计行业繁荣发展。

何镜堂

November 2016, it is my honor to participate in the high-end 2016 Macao International Design Exhibition as an everlasting honorary president of Union for International Design of Macao. This event promotes the deep cooperation of design field and boost architectural development in China and even the whole world.

I have always insisted on the developing path of the combination of production, learning and researching. Architecture is a people-oriented practicably science and architects should be at the frontline to response for the engineering practices. Architects should be innovative and have the courage to self-denial, and we should pay attention on the cultivation of original ideas. The attainment of architects includes his professional skills, creation philosophy, character, as well as his team spirit, all these equally important. The diligence, talent, character and opportunity are all indispensable factors to become a successful architect.

I saw elites contribute more and more outstanding works in The Third Golden Lotus International Design Invitational Tournament and I am so glad to see more groups of young talent appeared on the international arena. I expect that Macao International Design Exhibition will continue to play the role of international communication platform and promote the development of the architectural design field.

He Jingtang

中国工程院院士
华南理工大学建筑学院院长、博士生导师
澳门国际设计联合会永远荣誉会长
Academicians of Chinese Academy of Engineering
President & Ph.D. supervisor -School of Architecture,
South China University of Technology
Forever Honorary President of UIDM

何镜堂
He Jingtang

很荣幸出席2016澳门国际设计联展开幕式、书画·陶艺·雕塑·手绘艺术展、"融合"国际设计高峰论坛、第三届"金莲花杯"国际设计大师邀请赛暨2016"金莲花杯"国际（澳门）大学生设计大赛颁奖晚宴，此次联展汇聚了全球优秀设计师的作品，给予设计界精英向世界展示自身创作的设计作品，与全球顶尖级设计大咖及设计精英面对面交流的机会。

这是一个追求个性、敢于追求梦想、勇于实现自我价值的时代。2016澳门国际设计联展现场群星璀璨，聚集了国内外优秀设计师，整合了设计行业宝贵资源，期待中国设计在新的发展时期迈向新的高度。

新的历史时期有更多机会等待我们去开启，还有很多设计的梦想等待我们去实现。期待澳门国际设计联展在未来越办越好，为更多设计师创造更多的机会。

马若龙

I am honored to attend the opening ceremony of 2016 Macao International Design Exhibition, Painting and Calligraphy Pottery, Sculpture Hand-painted Art Exhibition, "Fusion" Theme International Design Summit Forum and the award dinner of The Third Golden Lotus International Design Competition for Students.

This Exhibition gathers the works of international excellent designers. It gives the stage of showing the elites' own original works to the world and provide the learning opportunity for participants to communicate with international top design elites.

This is an era of pursuing individuality, following dream and achieving self-worth. 2016 star-studded Macao International Design Exhibition gathers international and domestic outstanding designers, integrates valuable resource of design field, and I expect Chinese design will scale a new level in the new stage of development. There are more opportunities awaiting for us to take and more design dreams awaiting for us to realize in the new historical period. I hope that Macao International Design Exhibition will continue stepping forward and provide more opportunities for more designers.

Carlos Marreiros

MAA马若龙建筑师事务所有限公司
澳门婆仔屋文创空间创办人、合伙人及总裁
澳门国际设计联合会荣誉会长
MARREIROS ARQUITECTOS ASSOCIADOS
Founder & President of SANTA CASA DA
MISERICÓRDIA DE MACAU
Honorary President of UIDM

马若龙
Carlos Marreiros

2016澳门国际设计联展汇聚了国际设计大师，在这场国际设计交流及展览盛会中，获得"金莲花杯"国际设计大师奖，本人甚感荣幸。

设计行业的健康成长需要不同层次、不同国家、不同年龄的设计师一起努力。活动中，我目睹了多名国际知名设计大师、艺术家和年轻优秀设计师的风采，发现了许多新颖的创新理念。他们不断发现与解决设计过程中存在的问题，用设计为人们更好地生活贡献智慧。欣赏了现场多幅优秀的获奖作品，让人倍感欣慰。

期待2017澳门国际设计联展成功举办，实现设计行业的蓬勃发展。

路易斯·佩德罗·西尔瓦

I am honored to attend the opening ceremony of 2016 Macao International Design Exhibition,I am very honored to have the international design master at the international design exchange and exhibition event.

The healthy growth of the design industry requires a different level, different countries, different age of designers working together.Activities, I have seen a number of internationally renowned designers, artists and outstanding young designer's elegant demeanour, found many new innovative concept.They constantly find and solve the problems existing in the design process, design for people with better contribution to the wisdom of life.Enjoy the scene of more excellent winning entries, let a person feel gratified.

Looking forward to 2017 Macao international design exhibition held successfully, the vigorous development of the design industry.

Luís Pedro Ferreira da Silva

路易斯·佩德罗·西尔瓦建筑师事务所负责人
建筑师，博士学位，波尔图大学建筑系硕士
于波尔图大学任教
Luís Pedro Ferreira da Silva is the managing
partner.Also, he has completed a PhD, he
is master and architect by the Faculty of
Architecture of the Universityof porto

路易斯·佩德罗·西尔瓦
Luís Pedro Ferreira da Silva

第三届"金莲花杯"国际设计大师邀请赛
3rd Golden Lotus International Design Invitational Tournament
2016"金莲花杯"国际（澳门）大学生设计大赛
2016 Golden Lotus International Design Competition for Students
时间：2016年11月24日—27日
Date : Nov. 24 to 27, 2016
地点：中国·澳门·珠海
Place : China Macao ZhuHai

2016
澳门国际
设计联展
Macao
International
Design
Exhibition

澳门国际设计联展是澳门国际设计联合会主办的一年一度的国际设计交流盛会，本次活动由澳门RYB国际·三原色设计机构承办、获得婆仔屋文创空间支持。其中，2016"金莲花杯"国际（澳门）大学生设计大赛得到了澳门基金会和澳门特别行政区政府文化局的大力支持。

本届活动以"融合"为主题，发挥澳门中西文化结合的特色，汇聚北京、上海、广州、深圳、辽宁、河北、山东、江苏、福建、湖南、湖北、山西、云南、贵州、香港、澳门、台湾等中国城市或地区以及新加坡、葡萄牙、英国等地的建筑、室内设计团队和设计师作品。

本届联展同期开展2016"金莲花杯"国际设计大师邀请赛、2016"金莲花杯"国际（澳门）大学生设计大赛活动。为表彰优秀设计师及企业对行业所做出的贡献，特别设立"设计中国"建筑设计终身成就奖、"设计中国"行业杰出贡献奖、"设计中国"公益推动奖、国际设计大师奖、创新人物奖、创新企业奖。联展还包含了书画·陶艺·雕塑·手绘艺术展、"融合"国际设计高峰论坛、澳门国际主题酒店设计游学之旅、澳门国际设计联合会与中国建筑学会室内设计分会（CIID）广东八区专业委员会联合主办的2016CIID广东（珠海）年会作品展等。内容涵盖建筑、室内、软装设计、书画、手绘、陶艺、雕塑等作品。本次活动还特别引进了世界最新科技VR+MR互动展示，这项新技术将给装修设计行业带来极大的变革，可以缩减设计时间，提升装修设计效率。本次活动加入实验性及体验性的环节，让除设计师以外的更多市民参与到活动中来。通过开展澳门国际设计联展相关活动，扩大参与人群，聚集设计行业延伸产业，让开发商、设计师、材料商三方对话，探讨行业发展趋势，促进商业合作。

本届展会占地面积约5000平方米，展出在全球范围内征集的优秀作品500余幅，其中包括张锦秋院士、何镜堂院士、葡萄牙建筑师路易斯·佩德罗·西尔瓦（LUíS PEDRO SILVA）、彭培根院士、林学明先生、陈光雄先生、梁志天先生、陈志毅先生、邱春瑞先生、洪约瑟先生、姜峰先生、张清平先生等设计师的作品。书画·陶艺·雕塑·手绘艺术展作为今年联展新增特色板块，内容包含艺术设计、设计师手绘原稿、现代艺术品、跨界装置以及书画艺术、陶艺、雕塑作品等多个板块。钟国康先生、夏克梁先生、潘奋先生、罗思敏先生、李泰山先生、邢灵敏先生、陈克教授、卓国森教授等艺术家的作品于澳门婆仔屋文创空间展出。

主办机构
ORGANIZER
澳门国际设计联合会
Union for International Design of Macao

支持机构
SUPPORTERS
婆仔屋 ALBERGUE SCM　澳门文化遗产保护学会

2016"金莲花"杯国际（澳门）大学生设计大赛支持机构
SUPPORTERS
澳门基金会 FUNDAÇÃO MACAU　澳门特别行政区政府文化局 INSTITUTO CULTURAL. do Governo da R.A.E. de Macau

承办机构
ORGANIZER
RYB 澳门RYB国际·三原色设计机构
MACAU RYB INTERIOR DESIGN INSTITUTE

战略合作媒体
Strategic Media Partner
澳门高报 Macao Commercial Post　INTERIOR DESIGN

2017
澳门国际设计联展
Macao International Design Exhibition

第四届"金莲花杯"国际设计大师邀请赛
4th Golden Lotus International Design Invitational Tournament

2017"金莲花·华意空间杯"国际（澳门）大学生设计大赛
2017 Golden Lotus & Huayi Space International Design Competition for Students

时间：2017年10月19日—21日
Date: Oct. 19 to 21, 2017
地点：中国·澳门
Place: Macao·China

为促进设计行业的发展，由澳门国际设计联合会主办，并得到澳门特区政府相关主管部门的大力支持，在澳门每年举办一届"澳门国际设计联展"，发挥澳门中西交融、发展历史的特色，汇聚中国、新加坡等东盟国家、葡萄牙等欧美国家及地区的优秀设计作品进行展出、交流、比赛，并将其中优秀的作品推荐到国际。优秀作品在中国各大城市进行推介及巡回展出的同时，探讨国际设计行业发展趋势，促进粤港澳大湾区以及整个亚洲地区的设计行业融入国际设计大家庭，并逐渐形成更大的影响力和创造力。

透过澳门国际设计联展系列活动的开展，扩大参与人群，将设计行业上、下游产业聚集，让开发商、设计师、材料商三方对话。并邀请国际顶尖建筑师、设计师来开展学术交流、讲座、论坛以促进设计行业发展，构建一个以华人设计师为主场的国际设计交流平台，活动将中国设计聚集在澳门，利用澳门的视窗作用，向世界展现中国设计力量，同时带动到全国各地，形成与北上广深等一线及二、三线城市共同推动和发展设计事业的更深入、更广阔的合作和提高，提升中国设计在国际上的能见度与品牌知名度。

2017澳门国际设计联展在过往经验的基础上扩大展出内容，本届展会以"发现"为主题开展设计作品展、主题演讲、论坛及设计相关产业实物展览。为促进设计行业间交流提供有效平台，并继续开展第四届"金莲花杯"国际设计大师邀请赛、以及2017"金莲花·华意空间杯"国际（澳门）大学生设计大赛活动。为表彰优秀设计师及企业对行业所作出的贡献，特别设立"设计中国"杰出贡献奖、国际设计大师奖、菁英奖、创新人物奖、创新企业奖等。并开展"发现"国际设计高峰论坛、首届国际（澳门）特色小镇生态大会暨中国乡创峰会、设计与选材等商业配对等活动。并在澳门国际贸易投资展览会（MIF）期间举办为期三天的实物展，内容包括设计作品展、生态特色小镇建成果展以及书画·陶艺·雕塑·装置艺术展、高端酒店用品订制品牌及建材展。本次活动将更加强调现场的实验性、体验性、互动性、可观性等，吸引除了行业专业设计人士以外，还有更多不同层面不同领域的人士参与到活动中来。

2016澳门国际设计联展是澳门国际设计联合会主办的一年一度的国际设计交流盛会，本次活动由澳门RYB国际·三原色设计机构承办，得到了婆仔屋文创空间、澳门文化传媒联合会支持。其中，2016"金莲花杯"国际（澳门）大学生设计大赛得到了澳门基金会和澳门特别行政区政府文化局的大力支持。

2016澳门国际设计联展同期开展第三届"金莲花杯"国际设计大师邀请赛、2016"金莲花杯"国际（澳门）大学生设计大赛活动，包含了书画·陶艺·雕塑·手绘艺术展、澳门国际主题酒店设计游学之旅、"融合"国际设计高峰论坛、澳门国际设计联合会与中国建筑学会室内设计分会（CIID）广东八区专业委员会联合主办的粤澳国际设计高峰论坛，涵盖了建筑、室内、软装设计、书画、手绘、陶艺、雕塑等作品。

《第三届"金莲花杯"国际设计大师邀请赛获奖作品集》汇聚国际设计大咖及设计精英的优秀设计作品，结合了最新的设计元素，涉及建筑·景观·规划类、建筑·景观方案类、酒店空间类、家居空间类、办公空间类、公共空间类、商业空间类、室内空间方案类等设计方面。这些作品运用丰富的艺术形式和独特的设计理念传达了不同的设计思维、社会需求和艺术创意。

就此机会，谨向付出了艰辛劳动的全体编写人员致以崇高的敬意，向为此作品集提供资料的设计师、各界人士表示衷心的感谢。希望为读者们呈现不同地域、文化的最新设计理念和作品，开阔他们的视野，使其可以通过此作品集了解不同文化、思维方式下的设计风格，了解大咖们的最新作品，并向世界展示中国的设计力量。

2016 Macao International Design Exhibition is the annual international design exchange event sponsored by Union for International Design of Macao. The event is hosted by Macau RYB International Design Institute and get support by Albergue SCM and Union for Culture Media Communication of Macao. Golden Lotus International Design Competition is one preventative competition of the event, which is strongly supported by The Macao Foundation and The Cultural Affairs Bureau of the Macao Special Administrative Region.

2016 Macao International Design Exhibition launches simultaneously both the third Golden Lotus International Design Invitational Tournament and 2016 Golden Lotus International Design Competition for Students. It also includes the painting and calligraphy ·pottery ·sculpture ·hand-painted art exhibition, International Macao hotel design study tour, "Fusion" theme International Design Summit Forum. Union for International Design of Macao and China Institute of Interior Design (CIID) Guangdong eight district committee co-sponsored the Guangdong and Macao International Design Summit Forum, which covering the architecture, interior design, decoration, painting and calligraphy, hand-painting, pottery and sculpture, etc.

The award-winning works of the third Golden Lotus International Design Invitational Tournament collect excellent design works of the elite in international design territory, and it combined the latest design elements, which involving architecturelandscape plan and program, hotel space, home space, office space, public space, commercial space and indoor space program and so on. They use luxuriant artistic forms and unique design concept to convey different design thoughts, social needs and artistic creativity.

Meanwhile, I would like to take this opportunity to express my high respect to all hard working writers and extend heartfelt gratitude to the designers who have provided information for this work. I hope that we can provide the latest design concepts and design works of different areas and cultures, and readers through reading could understand the various design styles of different culture and ways of thinking. I also hope that they can understand the latest works of design elite and broaden their horizons to show the Chinese design power to the world.

FU JUN

澳门国际设计联合会会长
澳门国际设计联展组委会主席　　符 军

目 录
CONTENTS

MACAO
澳门国际设计联展
INTERNATIONAL
DESIGN EXHIBITION

第三届"金莲花杯"国际
设计大师邀请赛"设计中国"建筑设计
终身成就奖获奖作品

第三届"金莲花杯"国际
设计大师邀请赛
"设计中国"行业杰出贡献奖获奖作品

获奖名录

第三届"金莲花杯"国际设计大师邀请赛
"设计中国"建筑设计终身成就奖

张锦秋

第三届"金莲花杯"国际设计大师邀请赛
"设计中国"行业杰出贡献奖

梁志天

张锦秋

中国建筑西北设计研究院 总建筑师
中国工程院院士
中国工程建设 设计大师
首届"梁思成建筑奖"获得者
获何梁何利基金"科学与技术成就奖"
国际编号为210232号的小行星正式命名为"张锦秋星"
澳门国际设计联合会永远荣誉会长
1954—1960年 清华大学建筑系毕业
1962—1964年 被选为清华大学建筑系建筑历史和理论研究生，师从梁思成、莫宗江先生
1966年至今 在中国建筑西北设计研究院从事建筑设计，现担任该院总建筑师

张锦秋的早期研究课题是与绘画、文学交融的中国古典园林，她所处的创作环境是有3000
余年历史的中国古都西安，多年来，她的设计始终坚持将建筑传统与现代相结合，其作品具
有鲜明的地域特色，并注重将规划、建筑、园林融为一体。

2015年 荣获澳门国际设计联展第二届"金莲花杯"国际设计大师邀请赛"设计中国"杰出
贡献奖
2016年 荣获澳门国际设计联展第三届"金莲花杯"国际设计大师邀请赛"设计中国"建筑
设计终身成就奖

西安 天人长安塔

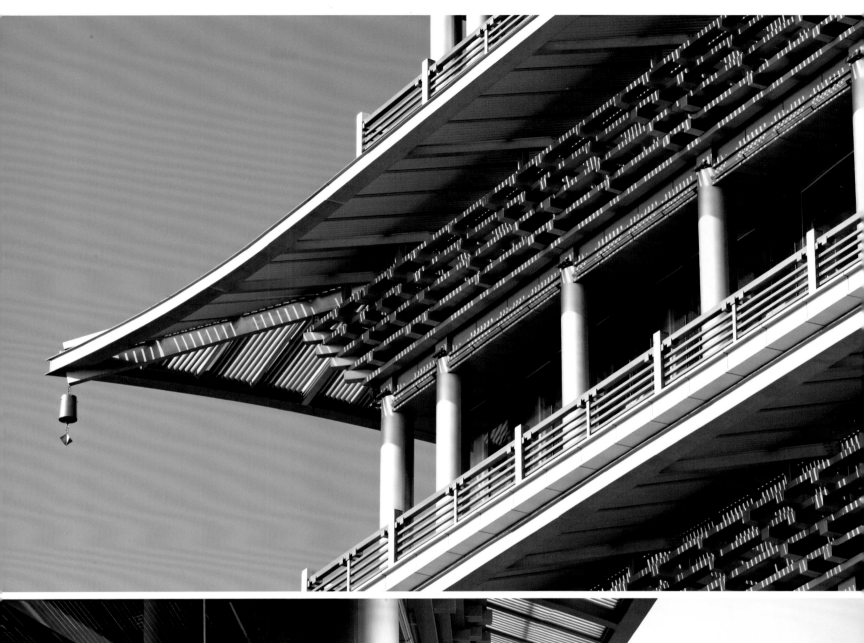

西安 天人长安塔

西安 天人长安塔

西安 大唐芙蓉园

西安 大唐芙蓉园

梁志天 梁志天设计师有限公司创始人

梁志天

国际著名建筑、室内及产品设计师梁志天于 1957 年出生于中国香港，以现代风格见称，善于将饶富亚洲文化及艺术的元素融入其设计中。

梁志天从事建筑及室内设计超过 30 年，于 1997 年创办梁志天设计师有限公司（SLD）。2015年，他于被誉为室内设计奥斯卡的 "Andrew Martin 国际室内设计大奖" 中问鼎全球年度大奖，更十三度被甄选为全球著名室内设计师之一；同年亦被意大利设计杂志 INTERNI 甄选为 "2015 INTERNI 全球设计权力榜" 全球最具影响力的 50 位设计师之一；被《福布斯》中文版发布的 "中国最具影响力设计师榜单" 选入三十强。SLD 更于 2016 及 2017 连续两年在美国室内设计杂志 Interior Design "全球百大室内设计师事务所排名研究报告" 总排名榜位列第 30 位及 "住宅项目" 范畴第 1 位。梁志天亦获 2015 澳门国际设计联展第二届 "金莲花杯" 国际设计大师邀请赛国际设计大师奖及 2016 澳门国际设计联展第三届 "金莲花杯" 国际设计大师邀请赛 "设计中国" 行业杰出贡献奖，其作品已囊括超过 130 项国际和亚太区设计及企业奖项。

梁志天一向热心参与室内设计行业事务，现为国际室内建筑师 / 设计师联盟（IFI）2017— 2019年度主席、中国室内装饰协会设计专业委员会执行主任及香港大学专业进修学院客席教授，并于2014 年与中国内地、香港、台湾多名室内设计师共同创立 "深圳市创想公益基金会" 兼担任理事会成员，积极推动设计工业及教育的发展。

南京 九间堂

香港 丼丼亭餐厅

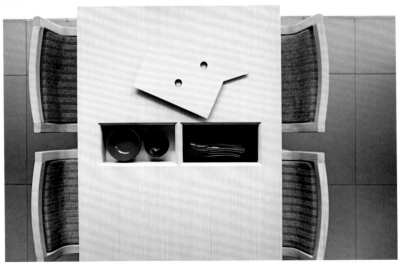

MACAO
澳门国际设计联展
INTERNATIONAL
DESIGN EXHIBITION

金莲花
Golden Lotus

第三届"金莲花杯"国际
设计大师邀请赛
国际设计大师奖获奖作品

获奖名录

第三届"金莲花杯"国际设计大师邀请赛
国际设计大师奖获奖作品

张清平

路易斯·佩德罗·西尔瓦

陈光雄

魏春雨

陈志毅

姜　峰

蔡万涯

张清平

中国台湾室内设计业首次荣获德国红点设计大奖中最高奖项——红点金奖（Best of the Best）的设计师，连续7次入选Andrew Martin安德鲁·马丁国际室内设计大奖。以深度提炼的设计思考，忠实反映空间与使用者的内涵，将人与空间的价值形于外，赋予不一样的体验与感动。作为一个华人设计工作者，深感东西方文化融合的重要，不遗余力地向世界讲述着东方的故事，并坚持将本土化特色融入设计中，实现古代智能现代化、西方设计中国化、中西合并国际化的目标，将西方丰富的建筑经验、深厚的空间素养及古典元素与东方当代设计相结合，开创了不一样的心奢华——Montage（蒙太奇）美学风格。

获英国Andrew Martin安德鲁·马丁国际室内设计大奖
获德国reddot award红点设计大奖——Best of the Best最佳设计奖
获意大利A'Design Award Competition
获美国IDA DESIGN AWARDS——商业空间室内设计金奖
入选美国Interior Design "Hall of Fame" 名人堂成员
获英国SBID International Design Awards
获英国FX international interior design award
获日本JCD Design Award 商空大赏 BEST100
2016荣获澳门国际设计联展第三届"金莲花杯"国际设计大师邀请赛国际设计大师奖

新东方心奢华

中体西用的新东方艺术

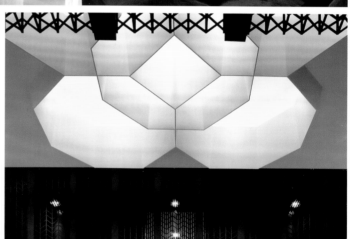

青川之上，乐章悠扬

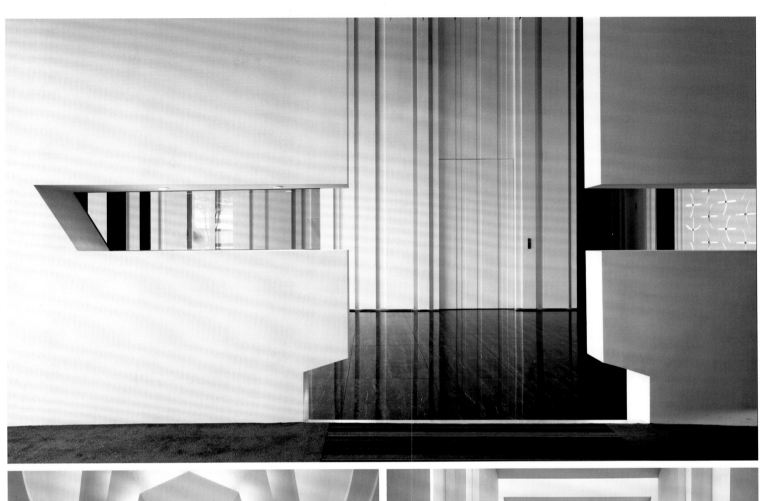

青川之上，乐章悠扬

路易斯·佩德罗·西尔瓦

他是葡萄牙 Luís Pedro Ferreira da Silva（路易斯·佩德罗·西尔瓦）建筑师事务所的负责人，于2000年创立公司。建筑师，博士学位，同时也是葡萄牙波尔图大学建筑系硕士，并于2000年起在波尔图大学任教。

2016年 荣获澳门国际设计联展第三届"金莲花杯"国际设计大师邀请赛国际设计大师奖

葡萄牙波尔图邮轮码头

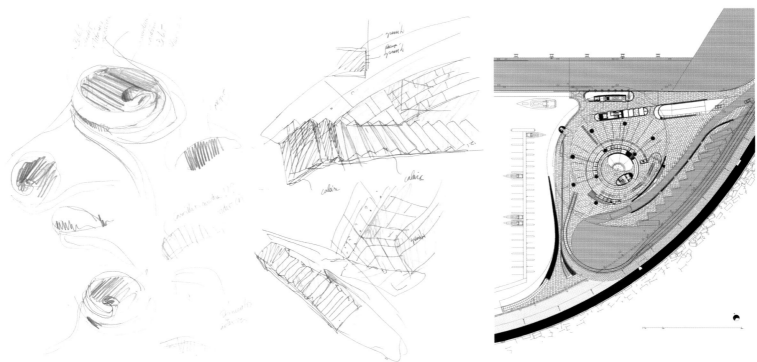

葡萄牙波尔图邮轮码头

阿尔马达

阿尔马达

35

陈光雄

圆境联合建筑师事务所 总监
Hans Hollein & Partner 亚洲合作伙伴
搜房名人堂顶尖室内设计师文化年 特约创意总监
圆境生态绿能股份有限公司 董事长
上海圆境绿创建筑设计股份有限公司 总监
绿智汇产业联盟 发起人
台湾观光部门星级酒店 评鉴委员
北京《绿色人居》杂志 编委会委员
中国城市住宅研究中心（台北）学术委员
IAI亚太设计师联盟 副理事长／大中华区副会长
新北市绿色能源产业联盟 副理事长
绿色建筑评价标识台湾专家委员会筹委会 筹备委员
台北市政府智慧城市委员会 委员
2016年 荣获澳门国际设计联展第三届"金莲花杯"国际设计大师邀请赛国际设计大师奖

台湾 HH大楼

台湾 HH大楼

福建 明筑集团办公大楼

台湾 太欣半导体总部大楼

春天悦湾

春天悦湾

魏春雨

湖南大学 教授、博士生导师

湖南大学建筑学院 院长

湖南省设计艺术家协会主席

东南大学建筑设计及其理论专业博士

"中国民主促进会"第十二届中央委员

湖南省第九、十、十一届政协委员

中国建筑学会建筑教育奖获得者

荣获中国建筑学会"当代中国百名建筑师"称号

荣获第一批"湖南省工程勘察设计大师"称号

2015年 荣获澳门国际设计联展第二届"金莲花杯"国际设计

大师邀请赛"建筑·景观·规划类"金奖

2016年 荣获澳门国际设计联展第三届"金莲花杯"国际设计

大师邀请赛国际设计大师奖

湖南大学研究生院楼

湖南大学研究生院楼

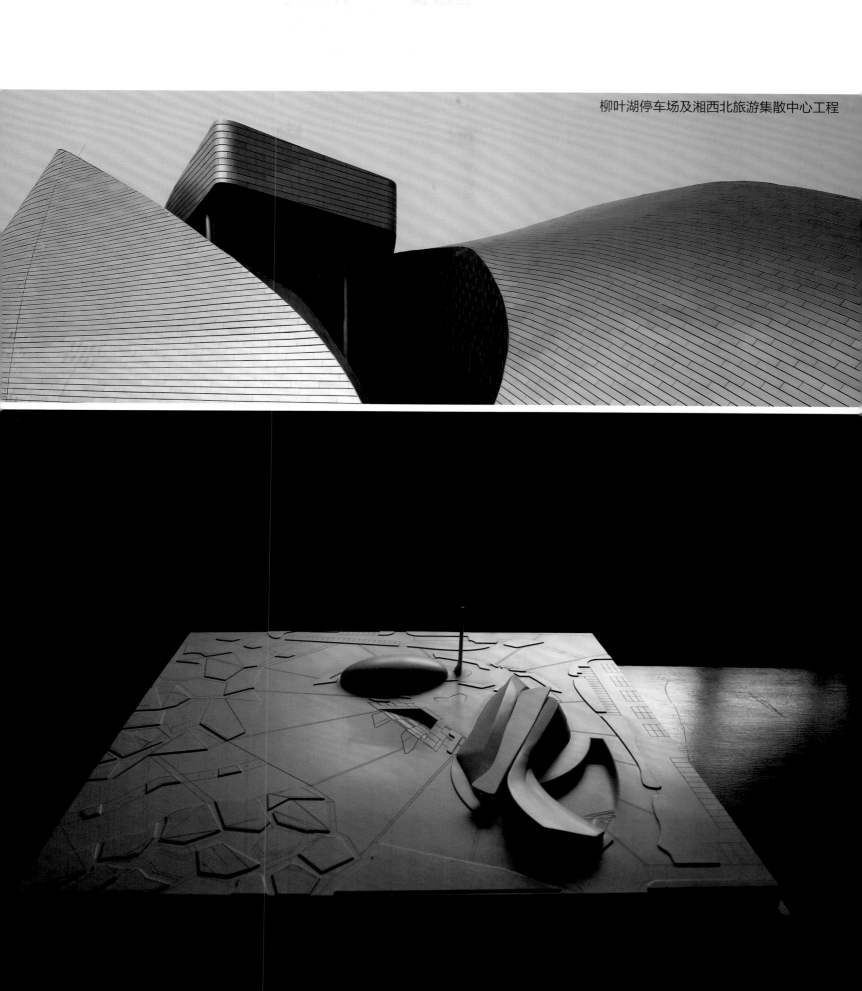

柳叶湖停车场及湘西北旅游集散中心工程

CREAM设计事务所 设计总监

陈志毅

陈志毅喜欢视自己为"诗意空间的缔造者"。跻身于香港顶尖设计师之列,作品屡获大奖,曾被有"室内设计奥斯卡"之称的Andrew Martin安德鲁·马丁国际室内设计大奖选为全球50名著名设计师之一。客户包括顶尖的酒店管理集团、房地产开发商以及私人客户。

毕业于英国威斯敏斯特大学的建筑学系,之后于法国巴黎索邦大学进修法国文化,为英国及法国注册建筑师。他曾在英国及法国两地工作,并先后在英国的YRM设计事务所和Anthony Hunt Partnership设计事务所,以及法国的建筑工作室及世界知名的Ecart(Andrée Putman)设计事务所工作。曾参与位于法国史特拉斯堡的欧盟议会大楼设计;于国际设计赛中荣获德国Spreebogen新议会大楼设计第五名。回香港后,于2000年设立CREAM设计事务所。之后他参与了众多不同类别的项目:酒店、大型住宅项目、高端定制私人住宅以及品牌塑造等。

所获奖项:

"英皇珠宝1881旗舰店"获2010年度最成功设计大赛成功设计奖

"大连时代广场(Dalian Times Square)"获2010年度最成功设计大赛成功设计奖

获亚太区室内设计大奖2010,APIDA优异奖(设施及展览空间),获香港传艺节大中华杰出设计大奖

2010年 获国际商业地产设计大奖(亚太地区)最佳室内设计奖

2011年 获亚太区室内设计大奖2011,APIDA优异奖(酒店空间)

2012—2013年度十大最具影响力设计师(商业空间)

2013—2014年度国际设计艺术成就奖

2013—2014年度《中国室内设计师》封面人物

美国 *Interior Design* 杂志,2015年度最佳设计奖(销售中心)

2015年 获国际商业地产设计大奖(亚太地区)最佳休闲空间设计奖,入选英国世界室内设计新闻奖

2015年度设计大奖(博物馆或展示空间)

2016优秀设计奖——休闲空间类

2016年度德国IF设计大奖优秀传播设计——室内建筑类,2016德国设计奖

2016年 获澳门国际设计联展第三届"金莲花杯"国际设计大师邀请赛国际设计大师奖

Twelve Peak

Club Reach 尚悦会

Sky Villa

The Visionary 升荟

Boutique Hotel

The Austin

姜 峰

J&A杰恩创意设计董事长、总设计师。教授级高级建筑师、国务院特殊津贴专家、建筑学硕士、中欧国际工商学院EMBA。姜峰作为创基金首任理事长、中国建筑协会设计委副主任、中国建筑学会室内设计分会副会长，多年来致力于推动设计行业的发展及设计公益事业。现受聘于天津美术学院、四川美术学院、鲁迅美术学院、深圳大学、北京建筑大学等高校，担任客座教授或研究生导师。姜峰在国家级刊物中发表了20多篇学术论文，其设计作品屡获国内、亚太乃至世界大奖。

主要荣誉：
历年来先后荣获中国室内设计功勋奖、终身艺术设计成就奖、中国建筑设计领军人物、亚太十大领衔酒店设计人物、亚太区卓越酒店设计师、深圳市十大杰出青年、深圳百名行业领军人物等社会荣誉，并入选美国《室内设计》杂志名人堂。

2016年 荣获澳门国际设计联展第三届"金莲花杯"国际设计大师邀请赛国际设计大师奖

深圳 当代艺术馆和规划展览馆

深圳 当代艺术馆和规划展览馆

深圳 当代艺术馆和规划展览馆

深圳 观澜湖新城

深圳 观澜湖新城

蔡万涯

资深室内建筑师

中国室内陈设艺术专业委员会副主任

海峡两岸建筑室内设计交流中心理事

万仟堂品牌董事长兼设计总监

山西南方设计院董事长

连续三年获得中国陈设委最高奖"晶麒麟"奖

获得中国室内设计大赛金奖10次、银奖5次

2016年 荣获澳门国际设计联展第三届"金莲花杯"国际设计大师邀请赛

国际设计大师奖

茶香羁旅客，
明月照归人，
月光洒下来的时候，
就回家团圆。

邀得玉兔至家中，
捣上一壶仙草，
就此一杯茶，
福寿绵长，吉祥健康。

文人风骨 茶席

在文人审美的世界里，

一路延绵着对天地自然的仰慕与临习。

古人从观察悬针垂露中得到书法运用的启示，

今人亦将风过竹林刹那的精微运化于器物设计之中。

MACAO
澳门国际设计联展
INTERNATIONAL
DESIGN EXHIBITION

金莲花
Golden Lotus

第三届"金莲花杯"国际
设计大师邀请赛参展作品

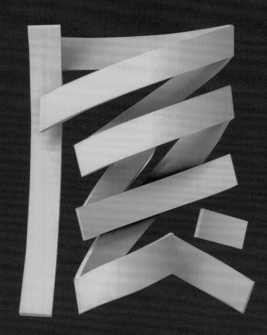

第三届"金莲花杯"国际设计大师邀请赛参展作品名录

何镜堂	吴文粒
马若龙	杨颜江
林学明	肖可可
彭培根	卓江华
何武贤	林开新
邱春瑞	刘　波
洪约瑟	温少安
符　军	吴宗敏
倪　阳	王寒冰
谢　天	辛冬根
庄惟敏	刘荣禄
潘召南	邹春辉
王胜杰	刘　劲
钟　中	汪　拓
洪忠轩	王政强
邵唯晏	殷艳明
张祥镐	庞　斌
孙建亚	桑　林
周天民	袁济安
萧爱彬	谢小海
翁永军	

何镜堂

建筑学家，中国工程院院士，华南理工大学建筑学院院长兼建筑设计研究院院长、教授、博士生导师、总建筑师，澳门国际设计联合会永远荣誉会长。兼任国家教育建筑专家委员会学术委员会主任，全国第九、十届政协委员。

他长期从事建筑设计、教学和研究工作，创立"两观三性"建筑论，坚持中国特色创作道路，探索出产、学、研相结合的发展模式，主持设计了一大批在国内外有较大影响的优秀作品，先后获国家和省部级优秀设计一、二等奖100多项，在《建筑学报》发表学术论文52篇，共培养博士、博士后76名。

他主持设计了2010年上海世博会中国馆、侵华日军南京大屠杀遇难同胞纪念馆扩建工程、天津博物馆新馆、映秀震中纪念地、钱学森图书馆、西汉南越王墓博物馆、浙江大学紫金港校区和澳门大学横琴新校区等一批精品工程。1994年获"中国工程设计大师"称号，1999年入选中国工程院院士，自2001年以来先后获首届梁思成建筑奖、十佳具有行业影响力人物大奖、国际设计艺术终身成就奖、中国工程院光华工程科技奖和广东省科技突出贡献奖。在中国建筑学会建国60周年建筑创作大奖评选中，以13项作品获奖，成为新中国成立后获奖最多的建筑师。为2015年澳门国际设计联第二届"金莲花杯"国际设计大师邀请赛"设计中国"杰出贡献奖得主。2016年受邀参展澳门国际设计联展第三届"金莲花杯"国际设计大师邀请赛。

河北 廊坊大厂民族宫

河北 廊坊大厂民族宫

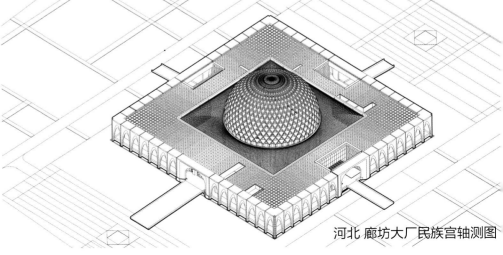

河北 廊坊大厂民族宫轴测图

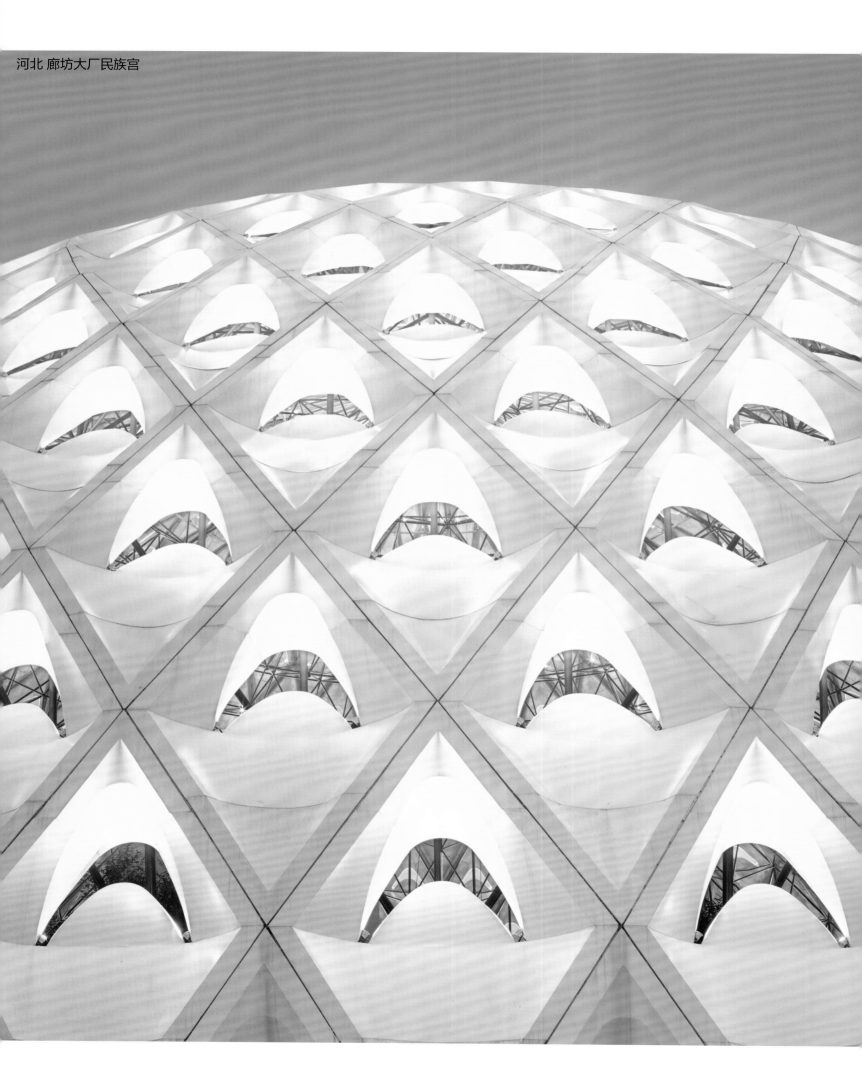

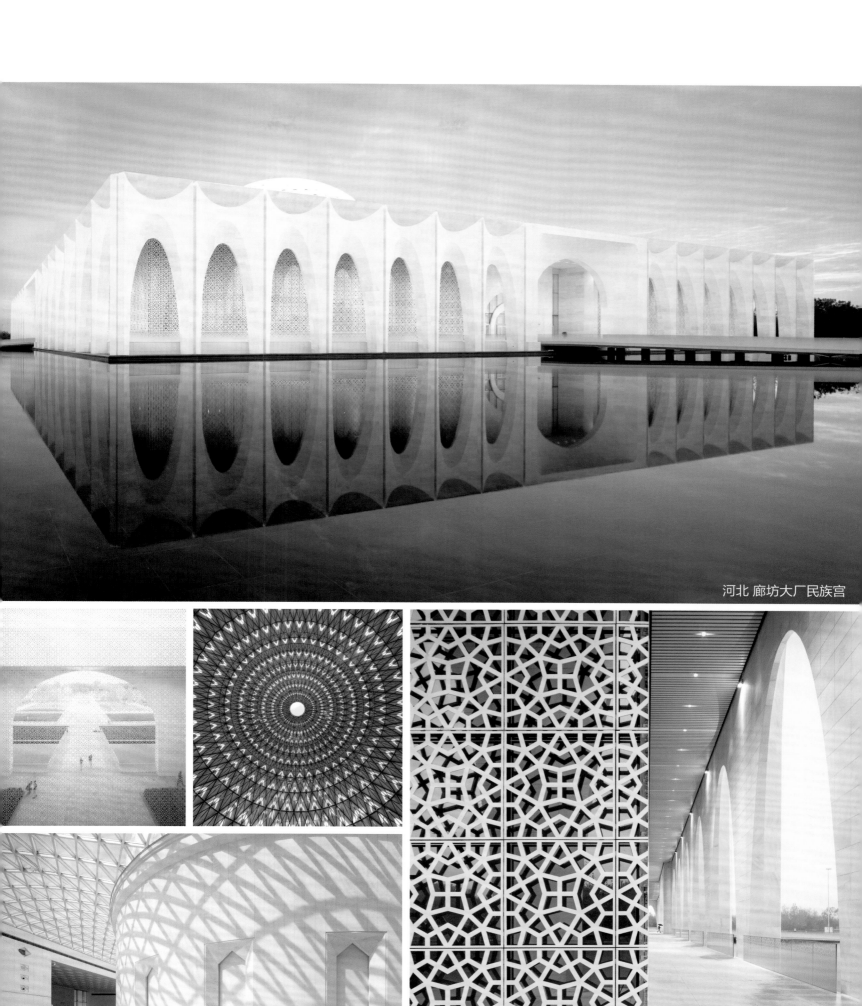

河北 廊坊大厂民族宫

四川 汶川大地震震中纪念地

四川 汶川大地震震中纪念地

马若龙

马若龙（Carlos Marreiros）以其优秀及极具创意的作品成为国际知名的建筑师、城市规划师、设计师及艺术家。他出生于中国澳门，曾在中国澳门、葡萄牙、德国及瑞典等地学习，1983年返回澳门工作。他经常应邀于欧洲、美国及亚洲的美术馆及大学参展及演讲。作为一名大学教授及社会活动家，他服务于多个民间组织及当地政府委员会。他于1989—1992年担任澳门文化司署副司长，多次获奖，获得澳门特别行政区行政长官颁授专业功绩勋章。澳门国际设计联合会荣誉会长，并荣获2015澳门国际设计联展第二届"金莲花杯"国际设计大师邀请赛国际设计大师奖。受邀参展2016澳门国际设计联展第三届"金莲花杯"国际设计大师邀请赛。

马若龙是MAA马若龙建筑师事务所有限公司和澳门婆仔屋文创空间创办人、合伙人及总裁。现为澳门建筑师协会资深委员会主席及澳门建造商会名誉会长。

作为一位艺术家，他曾于世界各地举办了24场个展并参与60多场联展。他也曾为15位作家以及60多本中文、葡文、英文书籍绘画插图。

治安警察局交通厅扩建工程

治安警察局交通厅扩建工程

澳门保安队事务局大楼扩建工程

澳门保安队事务局大楼扩建工程

2010年上海世界博览会·澳门馆

2010年上海世界博览会·澳门馆

林学明

广州集美组室内设计工程有限公司 董事长、创意总监
著名设计师、当代艺术家
澳门国际设计联合会专业委员会主席
中央美术学院城市设计学院客座教授，广州美术学院客座教授
中国建筑学会室内设计分会副理事长，中国室内装饰协会设计委员会副主任，中国国家画院研究员

1984年创办集美组，被誉为中国设计行业领军人物。历年来获奖无数，获评中国室内设计十大年度
人物，获得中国室内设计杰出成就奖、2015年澳门国际设计联展第二届"金莲花杯"国际设计大师
邀请赛国际设计大师奖等奖项，2016年受邀参展澳门国际设计联展第三届"金莲花杯"国际设计
大师邀请赛。

作品及设计理念经常亮相于国际舞台：
2012年 家具作品《疏密对比》参展米兰国际设计周；
2013年 应邀出席阿姆斯特丹世界室内设计师大会，做题为"叛逆与传承"的学术演讲；
2014年 家具作品《高背凳》、装置作品《天梯》参展米兰国际设计周；
2015年 家具《侘系列》参展米兰国际设计周；
2015年 "触山"个人作品展在北京展出；
2016年 家具作品《明磬》、《空竹》参加米兰国际设计展；
2016年 装置作品《墙》参加"天下·往来"中国当代水墨文献展以及"形而上下"中国当代水墨
邀请展；曾多次在加拿大、美国、新加坡、秘鲁、新西兰、日本及中国台湾、北京、西安、广州、
杭州等国家和地区举办个人绘画作品展览。
出版作品包括《林学明作品集》《不知天高地厚》等。

北京 谷泉会议中心

北京 谷泉会议中心

北京 谷泉会议中心

北京 谷泉会议中心

北京 谷泉会议中心

北京 谷泉会议中心

彭培根

加拿大籍华人

美国伊利诺大学硕士

清华大学资深教授、精品课教师

联合国国际生态安全科学院院士

荣获优秀外国专家奖章

2009年被国务院发展研究中心——中国城乡发展国际交流协会评为"中国建国六十年对城乡建设有贡献人物"，大地建筑事务所（国际）（1985年成立，中国第一家中外合资设计企业）发起人和创办人之一，任该单位集团董事长兼总建筑师。

连续8年担任中国首都规划委员会建筑艺术委员会委员（唯一外籍）

厦门市规划与建筑顾问（1985年主持厦门总体规划，指挥协调六国11位中外专家）

中国第一位获得国家一级注册建筑师证书的外籍建筑师（1996年）

曾任联合国教科文组织全球新闻教育改革中国专家组成员（2010年）

2014年 湖南与远大科技集团首席生态安全建筑师

2015年 长沙市浏阳河开发与规划顾问

2016年 受邀参展澳门国际设计联展第三届"金莲花杯"国际设计大师邀请赛

广州 综合商业中心

广州 综合商业中心

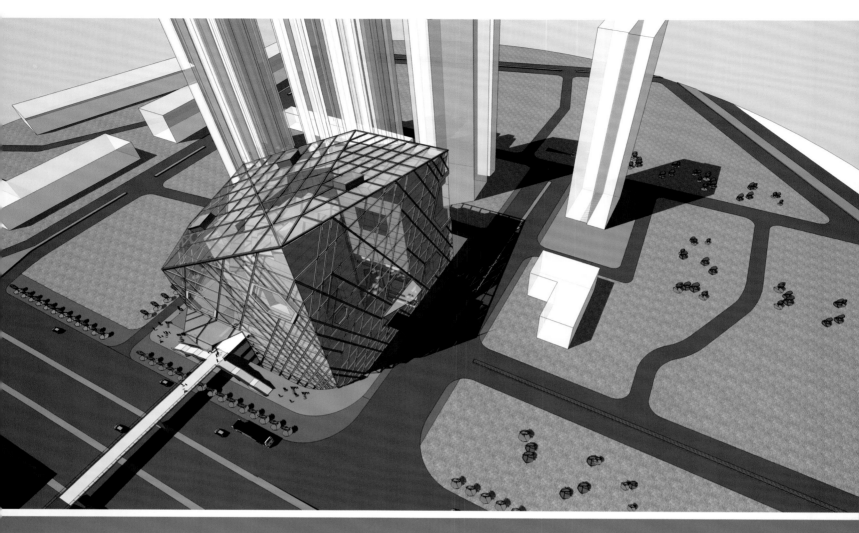

广州 综合商业中心

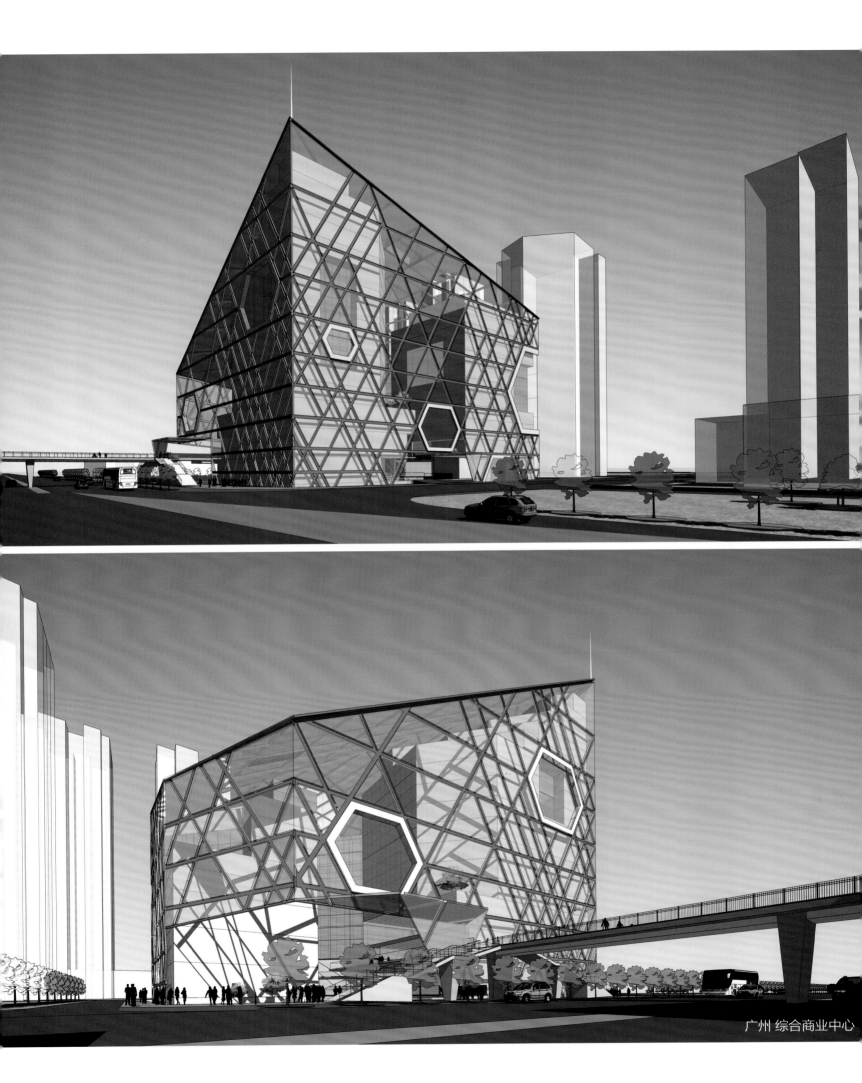

广州 综合商业中心

何武贤

中国台湾室内设计专技协会 理事长
中国室内装饰协会设计专业委员会 委员
山隐建筑室内装修设计有限公司 创办人
中国科技大学室内设计系 讲师
1994年 获第十七届金穗奖导演奖
1995年 获布鲁塞尔影展入围奖
2009年 获台湾金创奖"商业空间类"金奖
2010年 获台北室内设计年鉴"商业空间类"银奖
2011年 获IAI AWARDS 最佳绿色环保金奖
2011年 获IAI AWARDS 最佳会所空间设计
2012年 获台湾室内设计大奖"居住空间类"TID奖
2012年 获台湾杰出室内设计作品金创奖
2013年 获台湾金创奖"居住空间类"金奖
2013年 获IAI AWARDS "居住空间类"金奖
2013年 获IDEA—TOPS 艾特奖 最佳会所设计奖 金奖
2013年 获台湾室内设计大奖"商业空间类"TID奖
2014年 获德国IF传达设计奖（饭店 / SPA / 美食）
2014年 JCD DESIGN AWARD——BEST 100
2014年 IAI 华人十大设计师——米兰设计周联展
2014年 Asia Pacific Interior Design Awards——BEST 10
2014年 获台湾金点设计奖——最佳设计奖
2014年 IDCF大中华区十佳设计师（会所类）
2014年 北京设计周设计咖、导师
2014年 获国际环艺创新设计作品大赛"住宅空间类"金奖
2014年 获国际环艺创新设计作品大赛"休闲会所空间类"金奖
2014年 获台湾金创奖"商业空间类"银奖
2015年 Asia Pacific Interior Design Awards–Work Space Awards
2015年 法国IDS国际交流大使
2015年 获法国IDS "服务空间类"金奖
2016年 获台湾金点奖评委
2016年 获德国IF室内建筑设计奖（办公室 / 工作场所）
2016年 受邀参展澳门国际设计联展第三届"金莲花杯"国际设计大师邀请赛

界｜转摺 人文会所

珍惜・省思

珍惜・省思

邱春瑞

资深室内设计建筑师
台湾大易国际设计事业有限公司，邱春瑞设计师事务所公司 创始人 、总设计师
心+设计学社创始会员
深圳市室内设计师协会 常务理事
中国室内装饰协会设计委委员·会员
中国建筑装饰协会软装陈设分会 专家
国际室内建筑师 / 设计师联盟理事（IFI）
国际室内装饰协会理事会成员（IFDA）
澳门国际设计联合会专业委员会委员
2015年 荣获台湾金点设计奖
2015年 荣获建筑新传媒奖"年度室内设计"奖项
2015年 荣获Grands Prix Du Design 加拿大商业展示类特别奖
2015年 荣获CIID中国室内设计大奖赛银奖、铜奖
2015年 荣获A&D Trophy Awards 香港商业空间优秀奖
2015年 荣获APDC亚太室内设计精英邀请赛商业空间类金奖
2015年 荣获"金外滩"最佳售楼处空间奖
2015年 荣获金堂奖年度评选，售楼处"样板间年度最佳设计奖"
2015年 荣获澳门国际设计联展第二届"金莲花杯"国际设计大师邀请赛国际设计大师奖
2016年 荣获Reddot Award 德国红点设计大奖
2016年 荣获IF Design Award 德国IF设计大奖
2016年 荣获A'Design Award 意大利A'Design室内空间和展示设计类铂金奖、金奖、银奖
2016年 荣获APDC亚太室内设计精英邀请赛酒店类银奖
2016年 被评为APDC亚太室内设计精英邀请赛年度人物
2016年 荣获金堂奖年度评选 售楼处 / 样板间年度最佳设计奖
2016年 受邀参展澳门国际设计联展第三届"金莲花杯"国际设计大师邀请赛
2017年 荣获中国建筑装饰协会"2016中国设计年度人物"称号
2017年 荣获A'Design Award 意大利A'Design室内空间和展示设计类金奖、银奖、铜奖
2017年 荣获中国（上海）国际建筑及室内设计节"金外滩奖""最佳售楼处空间奖"

绿景红树湾1号销售中心

绿景红树湾1号销售中心

珠海 莲邦广场艺术中心

珠海 莲邦广场艺术中心

洪约瑟

洪约瑟（Joyseph Sy），1951年生于菲律宾马尼拉，在当地成长并接受教育，在马尼拉的一所大学修读建筑，一向成绩优秀的他，曾于1972和1973年连续两年在学校比赛中取得殊荣。1972年代表学校参加国际设计比赛时获得"十大杰出学生"的殊荣。1973年在当地圣托马斯大学获得建筑学学士学位。自1988年在香港成立Joseph Sy & Associate Ltd.后，屡获奖项，包括1998年的APIDA Awards商业组别冠军、同年的HKDA Awards住宅组别的卓越奖及商业组别的金奖等。他由一位年轻的建筑系毕业生，成长为香港知名的室内设计师；他的勤奋、努力是成功的根本。洪约瑟的设计在亚太地区及世界大赛中屡次获奖，1999—2003年连续多次入围有"室内设计奥斯卡"之称的Andrew Martin安德鲁·马丁国际室内设计奖。洪约瑟多年来不断追寻更富挑战性的工程，为它们拟定设计装潢计划，在香港堪称出类拔萃的设计顾问之一。近年来，他又以中国香港为基地，在中国深圳和菲律宾设有工作室，设计项目遍及亚太地区。

纵观洪约瑟的工程档案，种类多样，项目繁多，除了为著名商业公司设计办公室、餐厅、俱乐部的室内装潢以外，亦曾为私人住宅构思布局。凭着丰富的设计经验以及自身的天分，加上匠心独运的设计理念，创造出不少出色的作品，无怪乎备受行内人士垂青，并获奖无数。

洪约瑟积累了40多年的设计经验，但是他仍然孜孜不倦地学习、工作，挑战不同的空间设计，给客户带来不同的惊喜。更难能可贵的是他乐于利用各种不同的讲坛、论坛、设计沙龙等交流空间和年轻的设计师分享自己的设计经验，让更多人分享他的设计的快乐。现任清华大学室内设计研究生班高级讲师、TOP软装饰设计讲堂特邀讲师、江西美术专修学院客座讲师等。受邀参展2016澳门国际设计联展第三届"金莲花杯"国际设计大师邀请赛。

招商集团办公室

招商集团办公室

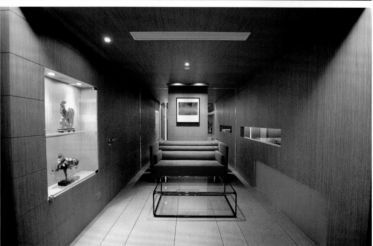

半島太子酒家

半岛太子酒家

符 军

澳门国际设计联合会 会长
澳门国际设计联展组委会 主席
澳门文化传媒联合会 副会长
澳门RYB国际·三原色设计机构 创始人、首席执行官、首席设计师
三原色建筑装饰设计院 院长、首席设计师
中国建筑学会室内设计分会理事兼第三十（珠海）专业委员会主任
珠海市室内设计协会 创会会长、现任荣誉会长
被CIID与美国《室内设计》中文版评选为"2006年度中国室内设计十大封面人物"
被CIID授予行业二十年"中国杰出设计师"称号
荣获"全国百名优秀室内建筑师"称号
荣获首届广东省装饰行业"功勋设计师"称号
荣获"全国建筑装饰优秀企业家"荣誉称号及奖章
被中国室内装饰协会授予"中国室内设计精英奖"
金羊奖——2008中国十大年度设计师
2010年 荣获珠海市优秀规划勘察设计一等奖
2014年 全国百佳设计综合典范人物类全国最具影响力设计师
2015年 被葡萄牙TAROUCA市长Carlos Carvalho授予城市荣誉勋章
中外酒店（第七届）白金奖"十大白金设计师"
荣获第十一届亚太区室内设计大赛荣誉大奖
荣获全国第五届室内设计双年展金奖、铜奖
荣获全国第八届室内设计双年展金奖、铜奖
荣获第五届海峡两岸室内设计大赛金奖、铜奖
荣获首届中国室内设计艺术观摩展最具创意设计奖
2016年 受邀参展澳门国际设计联展第三届"金莲花杯"国际设计大师邀请赛
2017年 荣获珠海市优秀规划勘察设计一等奖
出版个人专业著作：《感悟空间——符军室内设计作品集》《样板空间——符军作品》

澳门RYB国际·三原色设计机构总部

澳门RYB国际·三原色设计机构总部

四川中亚酒店

项目地点：四川成都市
项目时间：2012年
项目规模：32000平方米
项目叙述：建筑外观·室内/设计

四川 中亚酒店

倪 阳

同济大学建筑学博士
极尚集团创始人
中国建筑学会深圳室内专委（CIID）主任
深圳室内建筑设计行业协会（SIID）会长
中国装饰行业协会理事
澳门国际设计联合会副会长
深圳市设计之都推广促进会理事
深圳市设计之都资深顾问
深圳市宣传文化实业发展专项基金评估专家

在《时代建筑》《亚太室内设计论文专刊》《中国建筑装饰》《室内周刊》
《广东建设报》《深圳装饰》等专业期刊上发表多篇学术论著。

荣获奖项：
获中国建筑协会"全国百名优秀建筑师"称号
获中国建筑装饰行业"资深室内建筑师"荣誉称号
金堂奖中国室内设计公共空间十佳奖
CIDA中国室内设计大奖
中国室内空间环境艺术大奖
十佳酒店室内设计师
受邀参展2016澳门国际设计联展第三届"金莲花杯"国际设计大师邀请赛

上海 德达医院

上海 德达医院

上海 德达医院

上海 德达医院

谢 天

中国美术学院 副教授
浙江亚厦设计研究院 院长
中国美术学院国艺城市设计艺术研究院 院长
中国建筑装饰协会设计委员会副主任委员
中国饭店协会装修设计专业委员会专家委员
中国房地产业协会商业地产委员会研究员
浙江省创意设计协会室内设计委员会理事长
澳门国际设计联合会副会长
2014中国设计年度人物
2014《中国室内设计》杂志年度封面人物
2016年 受邀参展澳门国际设计联展第三届"金莲花杯"国际设计大师邀请赛

主要设计项目：
杭州西湖国宾馆1号楼（始建于1956年）、杭州柳莺宾馆（始建于1942年）、杭州大华饭店（始建于1935年）、黄郛别墅（始建于1934年）、杭州香积寺、上海世博中心、北京寰岛博雅大酒店、艾力枫社高尔夫酒店、廊坊新绎贵宾楼、连云港花果山大酒店、张家口国际大酒店、无锡君来世尊酒店、杭州翡翠城、杭州留庄、新昌玫瑰园、杭州惠品臻（私人）会所、新奥高尔夫球会所、杭州卡森红酒庄园、杭州上林苑会所、杭州西湖文化广场观光会所、宁波荣安府、三亚高福小镇会所等。

杭州 西湖柳莺里酒店

杭州 西湖柳莺里酒店

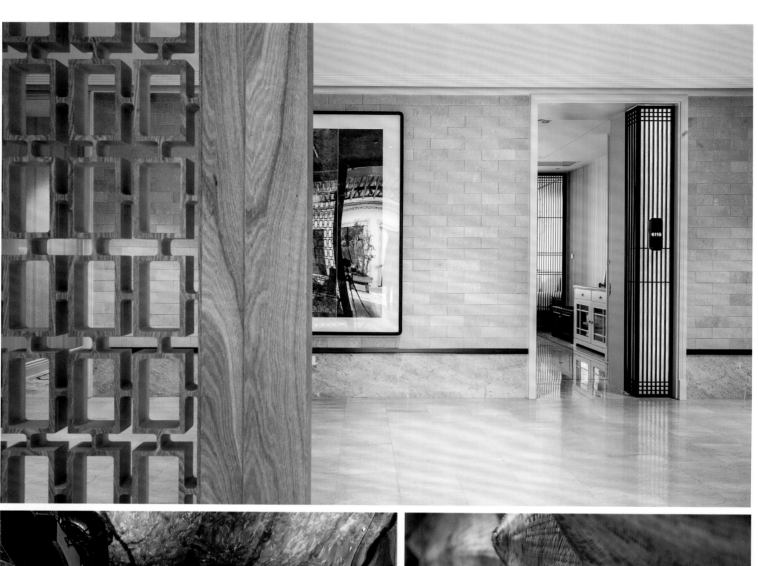

杭州 西湖柳莺里酒店

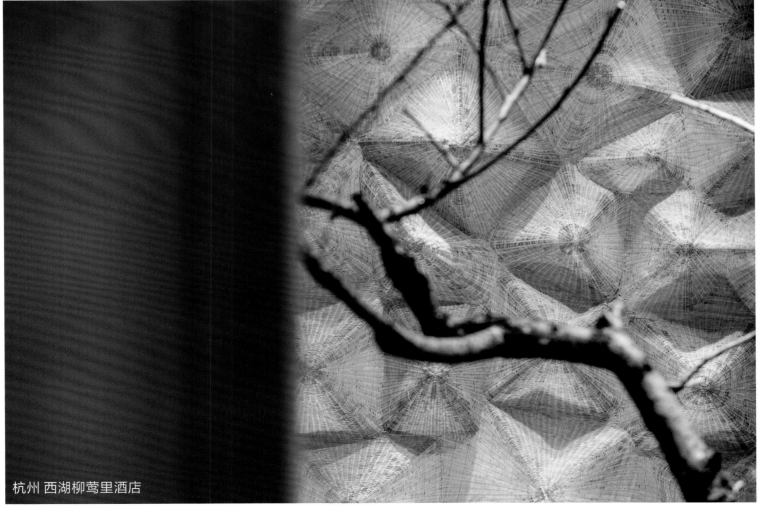

杭州 西湖柳莺里酒店

庄惟敏

1962年10月生于上海，1980年进入清华大学建筑系，1992清华大学博士毕业，工学博士学位。全国工程勘察设计大师，国家一级注册建筑师、注册咨询师。

现任清华大学建筑学院院长、教授、博士生导师，以及清华大学建筑设计研究院院长、总建筑师；清华大学（2014—2019年）第十届学术委员会委员。2012年获中国建筑学会建筑教育奖，同年获"当代中国百名建筑师"称号。中国建筑学会资深会员、中国建筑学会常务理事、中国建筑学会建筑师分会副理事长、中国建筑学会建筑师分会理论与创作专业委员会副主任委员、中国勘查设计协会高等院校勘察设计分会常务理事兼副会长、全国高等学校建筑学专业教育评估委员会委员、国际建筑协会（UIA）理事、国际建筑协会职业实践委员会（UIA-PPC）联席主席、APEC建筑师中国监督委员会委员。

著有《建筑策划导论》《建筑设计的生态策略》《建筑设计与经济》《2009中国城市住宅发展报告》《国际建协建筑师职业实践政策推荐导则》《筑·记》《环境生态导向建筑复合表皮设计要点及工程实践》等专著，已发表学术论文100余篇。曾主持中国美术馆改造工程、世界大学生运动会游泳跳水馆、2008年奥运会国家射击馆和飞碟靶场及柔道跆拳道馆、华山游客中心、北川抗震纪念园幸福园展览馆、钓鱼台国宾馆3号楼及网球馆工程、中国国际博览中心等重大工程的设计工作。华山游客中心曾获得亚洲建筑协会2014荣誉奖（Mt. Huashan Visitor Center，ARCASIA Awards of AAA2014，Honorable Mention），2004年获英国皇家建筑师协会"多样的城市"（RIBA Diverse City Compition in Beijing China 2004）设计竞赛大奖。金沙遗址博物馆获2014年在巴西里约热内卢举行的FIDIC工程工程项目奖提名。设计作品多次获国家金、银、铜奖和省部级优秀设计奖，以及学会建筑创作金、银奖。受邀参展2016澳门国际设计联展第三届"金莲花杯"国际设计大师邀请赛。

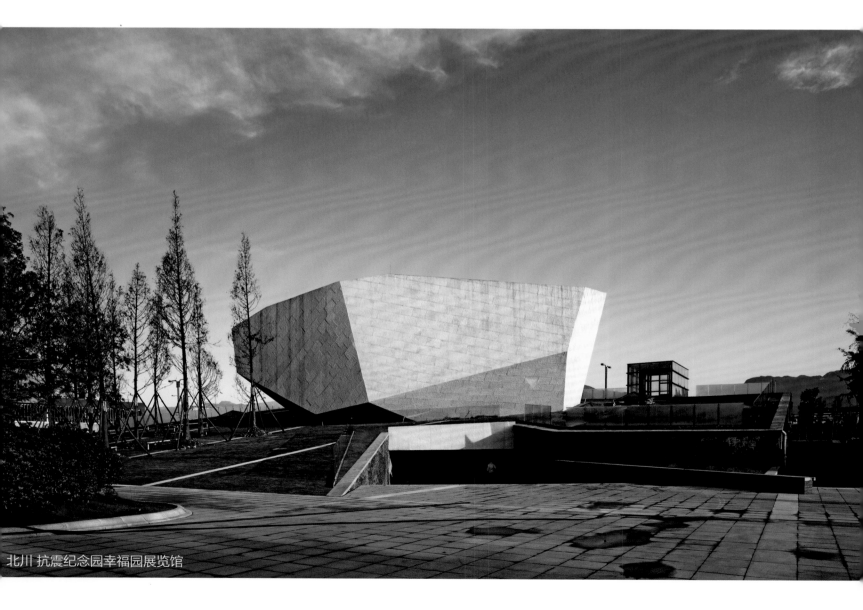

北川 抗震纪念园幸福园展览馆

北川 抗震纪念园幸福园展览馆

北京 钓鱼台七号院

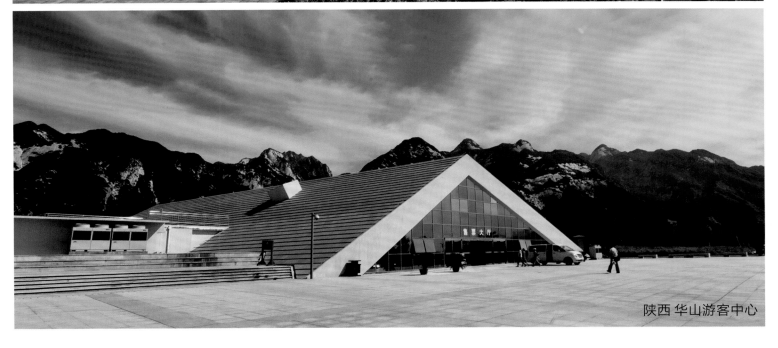

陕西 华山游客中心

115

潘召南

四川美术学院环境艺术设计系 教授

主要奖项：

2004年 获首届"为中国而设计"优秀奖

2006年 获第二届"为中国而设计"优秀奖

2010年 获首届中国国际空间环境艺术设计大赛"筑巢奖"铜奖

2012年 获第五届"为中国而设计"最佳创意奖

2014年 获第十一届全国美术展铜奖

2015年 获"2014中国设计年度人物"荣誉称号

2016年 受邀参展澳门国际设计联展第三届"金莲花杯"国际设计大师邀请赛

主要作品：

2006年4月 完成重庆长寿湖山庄（五星级）环境规划、建筑改造及室内设计

2009年9月 完成云南省腾冲县东固镇银杏村新农村建设与民俗旅游环境规划设计

2010年5月 完成山东省枣庄市台儿庄区古城复建民居风貌酒店设计——万家大院（五星级）和马可波罗驿站（四星级）

2010年8月 完成湖南韶山毛主席纪念馆改造方案设计

2014年5月 完成重庆科技学院艺术馆建筑方案设计

重庆 中国书法艺术生态园

重庆 中国书法艺术生态园

重庆 中国书法艺术生态园

大理 千里走单骑精品酒店

王胜杰

新加坡诺特设计集团 董事长
澳大利亚科廷科技大学 建筑硕士
新加坡室内设计师协会 理事长
云南室内设计行业协会 名誉会长
中国云南财经大学 客座教授
中国西南林业大学 客座教授
中国美术学院 导师
英国中央兰开夏大学 外部考官
新加坡南洋艺术学院 外部考官
新加坡拉萨尔艺术学院 外部考官
新加坡工艺学院 外部考官
艾鼎奖2015 裁判长
云南省高等职业院校室内装饰设计大赛（2013）裁判长
立邦漆年轻设计师奖（2011—2013）裁判长
意大利A'设计大奖（2013—2014）裁判
香港亚太区室内设计大奖2014 国际评审
新加坡设计大奖——亚洲最顶级设计师2014
《透视》全球40位40岁以下创意骄子（40 Under 40）大奖2015——得奖者（建筑设计）
2016年 受邀参展澳门国际设计联展第三届"金莲花杯"国际设计大师邀请赛

博物馆别墅

博物馆别墅

新加坡

no+A®

诺特昆明办公室

诺特昆明办公室

钟 中

深圳大学建筑与城市规划学院副院长、副教授、硕士生导师。深圳大学建筑设计研究院副总建筑师、Z&Z STUDIO工作室主持人、国家一级注册建筑师。广东省土木建筑学会环艺专委会副秘书长、深圳市注册建筑师协会副秘书长。深圳市建设工程评标专家、深圳市建筑设计审查专家、深圳市建筑专业高级职称评委、澳门国际设计联合会专业委员会委员。

荣获2013年中国建筑学会第九届青年建筑师奖，被评为2011年深圳市勘察设计行业第三届十佳青年建筑师、2013年深圳市第二届优秀注册建筑师、2015年深圳市第三届优秀项目负责人，2016年受邀参展澳门国际设计联展第三届"金莲花杯"国际设计大师邀请赛。

建筑作品分布全国20多个城市，历年来主持了50多项国家和省市级重大工程项目设计，包括深圳市社会福利中心一期、深圳光明新区凤凰学校、深圳罗岗消防站、深圳市海普瑞生物医药研发制造基地一期、肇庆华南智慧城7区、广东韶关新天地广场、深圳宝安大浪街道办行政服务中心、深圳实验学校小学部、广西工学院科教中心、常州万泽酒店、海口城市海岸、昆明时代广场等项目，合作或参与了深圳百仕达红树西岸、宁波新闻文化中心、深圳市盐田区行政文化中心、北京国家大剧院（竞赛）、深圳万科四季花城、上海万科四季花城、武汉万科四季花城等项目。曾与荷兰UNstudio、美国ARQ、法国JFA、英国Haskoll等事务所，以及马达思班、泛亚易道等境内外设计机构进行过广泛的设计合作。曾获得包括中国建筑学会建筑创作佳作奖、广东省优秀建筑创作奖、深圳市首届优秀建筑创作奖金奖等在内的各类省市级设计奖项20多项。先后撰写学术论文近20篇，分别发表在《建筑学报》《建筑科学》等国家核心期刊，以及《新建筑》《华中建筑》《南方建筑》《城市建筑》《建筑技艺》《住区》等省市级建筑专业重要期刊。近年来多次赴欧洲、北美和澳大利亚，进行专业建筑考察和广泛的技术针对性研究。

深圳 实验学校小学部

广西 工学院科教中心

深圳 社会福利中心

深圳 海普瑞生物医药研发制造基地项目（一期）

深圳 光明新区凤凰学校

深圳 罗岗消防站

昆明 时代广场

时代广场

洪忠轩

知名设计师、艺术家

被美国国会授予荣誉奖的华人艺术家

美国加州州政府荣誉奖获得者

美国洛杉矶市长奖获得者

艾特奖（IDEA—TOPS）获得者

第29届奥运会特许商业空间形象识别系统设计全球负责人

美国纽约联合国大厦大师展"当代艺术·创意设计展"华人代表展览人

香港酒店设计公司HHD假日东方国际（www.hhd.hk）负责人

深圳设计师协会会长

清华大学、中央美术学院、同济大学、天津美术学院、深圳大学客座导师

中国台湾亚洲大学荣誉教授

阿拉伯联合酋长国阿扎曼大学客座导师

BMG—HOTELS七星酒店设计者

阿拉伯联合酋长国迪拜第一高楼——迪拜哈利法塔（迪拜塔）顶层设计者

受邀参展2016澳门国际设计联展第三届"金莲花杯"国际设计大师邀请赛

兰亭京都之兰亭散序

兰亭京都之兰亭散序

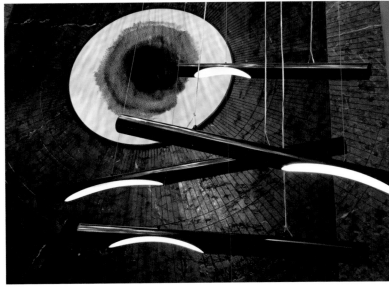

兰亭京都之兰亭散序

中粮三亚亚龙湾会展中心

邵唯晏

竹工凡木设计研究室——台北总部 主持人

竹工凡木设计研究室——北京分部、台南分部、杭州分部、新加坡办事处 设计总监

CSID 室内设计协会 秘书长

3+1设计联盟文创讲堂 创办人

杭州中装美艺陈设艺术研究院 约聘导师

《中国北京建筑装饰》杂志 特约评论员

CIDA中国室内装饰协会 设计专业委员

FLORINA水泥砖 产品代言人

2008年 安藤忠雄海外交换计划（Ando Program）中国台湾代表

2014年 艾特奖，2014（年度国际IDEA—TOPS）

2014年 年度新锐设计师，金堂奖（2014 JINTANG PRIZE）

2014年 北京第十届中国国际室内设计双年展银奖

2014年 第十二届现代装饰国际传媒大奖金奖

2015年 中国设计之星 评委导师

2015年 荣获台湾室内设计大奖

2015年 新秀设计师

2016年 荣获英国FX International Interior Design Awards

2016年 荣获英国SBID International Design Excellence Awards

2016年 获选意大利Bologna国际展 受邀演讲嘉宾

2016年 获选中国设计星 执行导师（中国大陆、香港、台湾三地区各只选一位）

2016年 受邀参展澳门国际设计联展第三届"金莲花杯"国际设计大师邀请赛

北京 MIBA国际酿酒大师艺术馆

北京 MIBA国际釀酒大师艺术馆

中国华商集团销售会馆

中国华商集团销售会馆

> e must be careful,
> at everything doesn't get
> so dreadfully serious.
> We must play - but we must
> play in a serious way."
>
> J. Wegner

张祥镐

伊太空间设计事务所 负责人、设计总监
伊太空间设计咨询（上海）有限公司 负责人、设计总监

在大陆和台湾享有高知名度的设计艺术总监，活跃于国际上的各大设计比赛；2015、2016年连续两年获得德国IF设计大奖。担任中国台湾室内设计专技协会副理事长，长期致力于国际交流重大事务，为设计产业架接一个良好的国际交流平台；担任2016台湾室内设计周执行长，提升中国的设计地位，带领大家走向国际。

2014年 美国《室内设计》杂志中文版封面人物
2014年 中国室内设计年度评选 金堂奖年度优秀别墅设计
2014年 中国香港（APIDA）Asia Pacific Interior Design Awards最佳样板空间
2015年 获德国IF设计大奖
2015年 获德国German Design设计大奖
2015年 IDEA—TOPS艾特奖——最佳公寓设计获奖
2015年 获金堂奖年度最佳样板间 / 售楼处
2015年 获居然杯创新设计奖
2015年 获居然杯别墅设计奖
2015年 获居然杯住宅设计奖
2015年 中国好设计
2015年 室内空间设计获奖
2016年 中国台湾室内设计周执行长
2016年 获德国IF设计大奖
2016年 获A'design设计银奖
2016年 获A'design设计青铜奖
2016年 美国Live Design全球第一名
2016年 受邀参展澳门国际设计联展第三届"金莲花杯"国际设计大师邀请赛

韵染

韵染

韵染

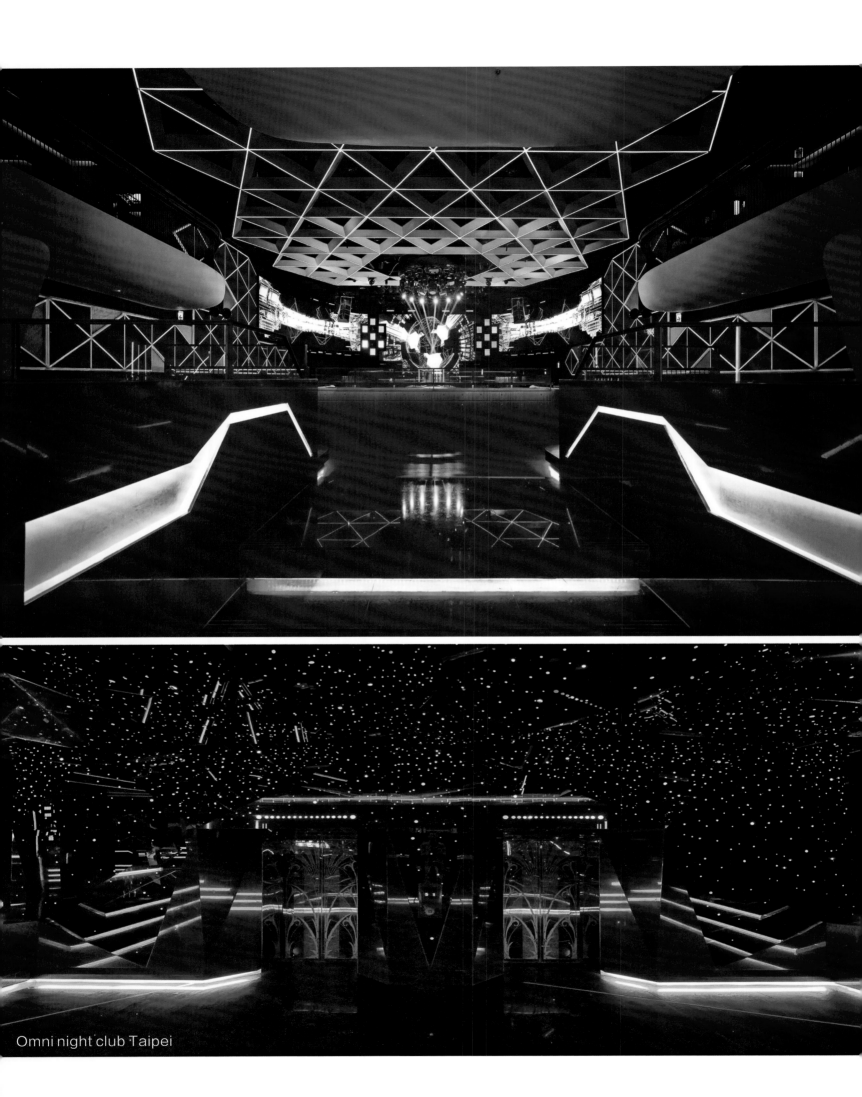

Omni night club Taipei

孙建亚

上海亚邑室内设计有限公司 创办人、设计总监
上海飞邑空间设计有限公司 创办人
中国室内装饰协会设计专业委员会常务委员
PINKI EDU 品伊国际创意美学院梦想导师

2009年创办亚邑室内设计有限公司,并且始终坚持以专业实践铸造经典永恒的设计精品。公司设计团队秉持着"坚持专注、追求极致"的价值主张,注重生活、文化、国际观的设计思路,提供全方位的设计方案,让功能和美学完美结合。本着"设计生活"的宗旨,以精品、文化、互动、艺术为设计的主导,强调细节与功能完美融合,倡导优质的生活设计态度。从创立至今,设计项目涉及五星级酒店、豪宅、会所、样板房、企业总部、商业空间等,并在业内树立了良好口碑。设计理念:设计源自生活,为每一个空间营造独有的品味和可以触摸的舒适。

获奖荣誉:
2015年 获金点设计奖空间设计大奖
2015年 获艾鼎国际设计大奖住宅空间类银奖
2015年 金堂奖中国室内设计年度评选——年度最佳别墅设计
2015年 获台湾TID室内设计大奖复层空间类大奖
2015年 被评选为美国《室内设计》杂志中文版年度封面人物
2016年 获A'Design Award国际设计大赛金奖
2016年 获北美著名设计大奖 GRANDS PRIX DU DESIGN
2016年 获德国IF设计奖居住空间类大奖
2016年 受邀参展澳门国际设计联展第三届"金莲花杯"国际设计大师邀请赛

上海 美莱整形医院

上海 美莱整形医院

上海 美莱整形医院

上海 美莱整形医院

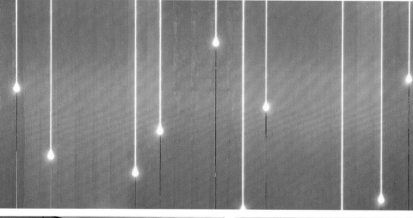

周天民

美国Savannah College of Art and Design室内设计硕士
1999年 入选美国名人录（Who's Who）
中国科技大学助理教授
亚卡默集团"亚卡默设计、可可咖啡、暮光民宿"负责人
2014年 中国台北国际设计论坛 主持人
2015年 中国台北国际设计论坛 副执行长
2016年 韩国KISD设计展邀展
2016年 M&O Asia新加坡高峰会演讲
2016年 印度尼西亚ICAD当代艺术与设计展演讲
2016年 大连室内设计国际论坛演讲

获奖荣誉：
2014年 大中华地区十佳餐饮类设计师
2015年 获成功设计大赛成功设计奖
2015年 中国建筑装饰协会最具影响力设计师
2015年 获亚太区APIDA Awards室内设计大奖
2015年 获英国FX Awards国际室内设计大奖
2015年 获德国红点设计奖
2016年 获上海金外滩商业空间设计优秀奖
2016年 获德国IF设计奖
2016年 获德国German Design Award设计奖
2016年 受邀参展澳门国际设计联展第三届"金莲花杯"国际设计大师邀请赛

亚卡默设计办公空间

亚卡默设计办公空间

亚卡默设计办公空间

亚卡默设计办公空间

萧爱彬

山间建筑事务所 设计总监

萧氏设计 董事长、总设计师

吉林建筑大学客座教授

四川师范大学视觉艺术学院客座教授

澳门国际设计联合会副会长

上海首届十大青年室内建筑师

中国十大样板房设计师

被评为上海2008年度创意领军人物

2011年 被评为CIID中国室内设计影响力人物

2012年 被评为CIID中国室内设计影响力人物

2016年 受邀参展澳门国际设计联展第三届"金莲花杯"国际设计大师邀请赛

佘山的梦想

犹梦依稀淡如雪

犹梦依稀淡如雪

翁永军

设计师 | 艺术家 | 收藏家 | 旅行家

广州市筑意空间装饰设计工程有限公司董事长、总设计师

澳门国际设计联合会副理事长

2001年 创立广州集英社设计工程有限公司

2005年 改名广州市筑意空间装饰设计工程有限公司

2016年 受邀参展澳门国际设计联展第三届"金莲花杯"国际设计大师邀请赛

下属公司：

贵州集英社设计工程有限公司

广东省八建集团装饰工程有限公司贵州分公司

钧天国际规划设计院（香港）

广州钧天建筑规划设计有限公司

广州澳园景观规划设计有限公司

广州钧天静池古琴文化有限公司

广州瀚雷装饰设计工程有限公司

贵阳 红云山庄

贵阳 红云山庄

保利公园2010北区售楼部及会所

保利公园2010北区售楼部及会所

吴文粒

深圳市盘石室内设计有限公司 董事长、设计总监

米兰理工大学国际室内设计学院硕士

广东省家居企业联合会设计委员会执行会长

IBID国际品牌与设计交流中心执行主席

深圳市室内设计师协会副秘书长

清华大学美术学院艺术陈设高级研修班实践导师

中国澳门国际设计联合会副理事长

美国加州市"政府杰出设计师"

美国美亚记者协会"最受欢迎设计师"

深圳"十年·十杰设计师大奖"

被 *Interior Design China* 杂志评选为"2013—2014中国室内设计年度封面人物"

2016年受邀参展澳门国际设计联展第三届"金莲花杯"国际设计大师邀请赛

致力于高端地产样板房、营销中心、会所、别墅、酒店、商业空间等各项设计

杭州 长龙领航营销中心

杭州 长龙领航营销中心

杭州 长龙领航140户型样板房

杭州 长龙领航140户型样板房

杨颜江

1992年 毕业于上海轻工业高等专科学校

1999年 太仓福达广告装潢有限公司总设计师

2006—2008年 意大利米兰理工大学硕士

2004—2013年 苏州金螳螂建筑装饰股份有限公司第十八设计院院长

2014年至今 苏州金螳螂建筑装饰股份有限公司第二设计公司资深合伙人

亚太酒店设计协会理事

中国建筑学会室内设计分会会员

国际室内装饰设计协会（IFDA）资深会员

国际室内建筑师 / 设计师联盟（ICIDA）专业会员

澳门国际设计联合会理事

2016年 受邀参展澳门国际设计联展第三届"金莲花杯"国际设计大师邀请赛

山西 五台山国际度假酒店

山西 五台山国际度假酒店

山西 五台山国际度假酒店

山西 五台山国际度假酒店

肖可可

上海云隐酒店管理发展有限公司 设计总监

澳门国际设计联合会副理事长

中国陈设委（ADCC）副秘书长

国际室内建筑师与设计师理事会（ICIAD）山西分会理事长

中国建筑学会室内分会（CIID）专业会员

中国建筑装饰协会（CCD）理事会员

2005年 获首届IFI国际暨中国室内（CIID）大奖赛优秀奖、佳作奖

2006年 获第二届IFI国际暨中国室内（CIID）大奖赛一等奖

2006年 获第三届海峡两岸四地室内设计大奖赛特等奖

2006年 获第六届中国室内设计（CIDA）双年展金奖

2006年 被山西省室内设计十年回顾表彰大会评为"最具实力室内设计师"

2007年 被国际设计周（IFI）金羊奖评为"年度中国十大设计师"

2008年 获中国国际设计周（CIDA）室内设计精英奖

2010年 获第八届中国室内设计（CIDA）双年展金奖

2016年 受邀参展澳门国际设计联展第三届"金莲花杯"国际设计大师邀请赛

英国 LEAX Controls 集成控制公司产品展示厅（上海）

英国LEAX Controls 集成控制公司产品展示厅（上海）

英国LEAX Controls 集成控制公司产品展示厅（上海）

英国 LEAX Controls 集成控制公司产品展示厅（上海）

卓江华

湖北工业大学环境艺术设计学士

武汉大学建筑设计艺术学硕士

2013年 美国惠蒂尔学院建筑系进修

建筑室内设计师

武昌理工学院城市建设学院建筑系副教授

加拿大杨格莱特国际建筑设计有限公司室内设计组总监

中国澳门国际设计联合会副秘书长

中国建筑装饰协会注册高级室内建筑师

IDA国际设计师协会室内设计成员

IAI亚太建筑师与室内设计师联盟成员

中国建筑装饰协会会员

2016年 受邀参展澳门国际设计联展第三届"金莲花杯"国际设计大师邀请赛

爱之家集团 私人办公会所

爱之家集团 私人办公会所

汉江集团企业展厅

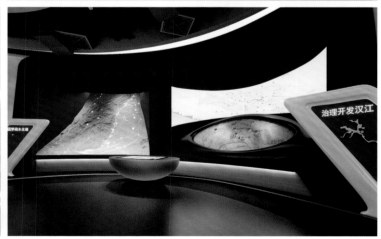

兼容并蓄 厚德载物

汉江集团企业展厅

林开新

林开新设计有限公司 创始人
大成（香港）设计顾问有限公司 联席董事

2006年 入选美国《室内设计》杂志中文版"2006—2007中国室内设计年度封面人物"
2008年 获IFI国际室内设计大赛一、二、三等奖
2009年 入选意大利Domus杂志"中国60位室内设计师"
2010年 获"金外滩"上海国际室内设计大赛最佳设计奖
2013年 获中国台湾室内设计大奖TID奖
2014年 获中国香港APIDA亚太室内设计大赛金、银、铜奖
2014年 获A&D建筑与室内设计商业空间最佳奖
2015年 入围美国室内设计杂志"BEST OF YEAR AWARDS"
2015年 获德国IF设计大奖
2015年 获A&D建筑与室内设计生态设计空间最佳奖
2015年 获现代装饰传媒奖年度休闲空间大奖
2016年 获德国红点设计奖
2016年 获德国IF设计大奖
2016年 获意大利A'Design Award铜奖
2016年 受邀参展澳门国际设计联展第三届"金莲花杯"国际设计大师邀请赛

福州 宜美家办公室

福州 宜美家办公室

江滨茶会所

江滨茶会所

刘 波

刘波室内设计（深圳）有限公司 创始人
刘波设计顾问（香港）有限公司 创始人
深圳室内设计师协会（SZAID）轮值会长
深圳市空间设计协会会长
中国建设部建筑装饰协会专家
中国杰出中青年室内建筑师
世界酒店联盟副理事长
IEED国际生态环境设计联盟（大中华区）轮值理事长
深圳市政府建筑装饰行业专家评审委员会专家
天津美术学院客座教授
四川美术学院环境艺术系毕业生导师
中国环境艺术设计联盟理事
《中国室内》编委
2010、2011年 中央美术学院、清华大学美术学院、天津美术学院、哈尔滨工业大学四大院校设计实践导师
2016年 受邀参展澳门国际设计联展第三届"金莲花杯"国际设计大师邀请赛

刘波作为一个拥有近25年酒店室内设计经验的设计师，乐于在设计专业领域里探索求新。擅长处理复杂内部空间，设计风格稳健而富于变化，在色彩和造型处理上更是颇有心得。在与多个国际品牌酒店管理公司及酒店开发商合作过程中，积累了很多成功合作的经验，深谙五星级酒店功能和形式的和谐统一之道，并成功将国际酒店管理理念和价值观与每个项目的当地特色完美结合。

刘波确信有一种美可以在东方与西方、古代与现代、时尚和经典之间自由通行，并且以此为团队和个人的追求目标。由于深知在专业的道路上永无止境可言，在创造出能感动人心的作品的过程中，得以深知：自由源于自律，空间源于凝聚，而创造出能经历时间考验、无拘于东方和西方形式的经典，必然是来自于人们内心深处的虔诚。

海南 海口方豪酒店

海南 海口万豪酒店

温少安

1962年生于北京，自幼学习绘画，师从著名建筑师、画家吴家骅博士，擅长水墨画。1987年其作品入选全国建筑画展。1988年毕业于中国美术学院。现为环境与室内设计师，佛山市温少安建筑装饰设计有限公司设计总监，中国建筑学会室内设计分会副理事长，中国建筑学会室内设计分会第十（佛山）专业委员会会长，佛山市城市规划委员会委员。自1999年以来，其设计作品多次入选国内设计界知名期刊，并多次获得国内乃至亚太地区的设计大奖。曾参与佛山祖庙路改貌设计，并获得城市规划综合评审第二名，现正专注于佛山石湾公仔文化的传承与发扬。

主要设计项目：鹰牌控股企业总部、长城花园营销中心、佛山惠风美术馆。

2016年受邀参展澳门国际设计联展第三届"金莲花杯"国际设计大师邀请赛。

佛山 惠风美术馆

佛山 惠风美术馆

佛山市图书馆

佛山市图书馆

吴宗敏

广州大学美术与设计学院副院长、教授、硕士生导师
中国酒店设计领军人物
广东省陈设艺术协会会长
广东省陶瓷艺术大师
广东省重大决策咨询专家库专家
广东省高校建筑与环境艺术设计学术委员会副主任委员
广东省集美设计工程公司总设计师
中国建筑学会室内设计分会（CIID）常务理事
广州专业委员会荣誉会长
中国十大空间设计师
全国有成就的资深室内建筑师
广东省美术家协会会员

主持"中、日、韩艺术设计产业比较研究""基于知识导航设计的室内设计网络课程研究设计与实践""亚运比赛场馆广州国际体育演艺中心（NBA）室内设计项目"等国家、省市各级课题、科研项目共19项。

编写出版《搜索全球最新顶级酒店》《软装实战指南》《国际风格餐厅》《室内设计》《酒店空间》等著作及教材12本；发表《浅谈潮汕民居的装饰文化》《餐饮空间VI设计的特征分析》等学术论文30篇；发表设计作品达200多项，《新会陈皮村竹建筑》《广州艺术博物院马思聪音乐艺术馆》《红·艺术馆》《澳门街》等设计作品获得国家级奖25项，获省、市级奖50多项；《广府青瓷——青韵》《云魂》等陶瓷作品以及《天墨》《荷塘四色》等美术作品获各级奖项18项。2016年青花陶瓷作品《云魂》入选中国美术家协会举办的"第二届中国当代陶瓷艺术大展"，并在中国美术馆展出。

致力于推动室内设计、陈设设计行业的发展，在全国各地开展各类学术讲座上百场。从2012年至今受聘于清华大学环境艺术设计专业高级研究生班，讲授"陈设设计"课程。2013—2014年在全国各地举办"田园设计在中国"——吴宗敏陶瓷艺术全国巡回展及"陈设艺术与艺术陈设"学术讲座等系列活动。受邀参展2016澳门国际设计联展第三届"金莲花杯"国际设计大师邀请赛。

三亚 亚龙湾瑞吉度假酒店（白金五星级）

三亚 亚龙湾瑞吉度假酒店（白金五星级）

三亚 亚龙湾瑞吉度假酒店（白金五星级）

三亚 亚龙湾瑞吉度假酒店（白金五星级）

王寒冰

山西德道设计装饰工程有限公司 创意总监
中国建筑学会室内设计分会常务理事
中国建筑学会室内设计分会第二十九（山西）专业委员会主任
2002年 获中央美术学院新资源国际设计节优秀作品奖
2008年 获中国室内设计大赛办公工程类优秀奖
2009年 获第一届中国地域文化室内设计大赛文教工程类二等奖
2009年 获中国地域文化精英室内设计师大奖
2009年 获中国百名杰出设计师大奖
2009年 获百佳设计师大奖，山西十佳设计师奖
2015年 四幅书画作品入选"设绘"艺术作品展
2015年 作品《晋书西遇》在CIID2015甘肃青年会场外展出
2016年 受邀参展澳门国际设计联展第三届"金莲花杯"国际设计大师邀请赛

鹰鲲集团办公规划设计

鹰鲲集团办公规划设计

辛东根

江西动向设计顾问有限公司 总设计师

风行设计 总经理兼总设计师

中国建筑学会室内设计分会常务理事

中国建筑学会室内设计分会第二十七（江西）专业委员会副主任

1989—2009年 被评为中国室内设计二十年杰出设计师

2004—2006年 被评为全国百名优秀室内建筑师

2008年 入选《中国室内设计》杂志年度封面人物

2016年 受邀参展澳门国际设计联展第三届"金莲花杯"国际设计大师邀请赛

"遇见自然"休闲主题餐厅

绿色主题餐厅
The Green Restaurant

"遇见自然"休闲主题餐厅

"遇见自然"休闲主题餐厅

"遇见自然"休闲主题餐厅

刘荣禄

2015—2016年 *Interior Design China*《中国室内设计》杂志年度封面人物
2015—2016年 *Interior Design China*《中国室内设计》杂志大师选助手设计新锐选拔赛 主审
2016年 亚洲大学室内设计系 企业导师
2016年 第十届全国大学院校室内 / 空间设计系学生竞赛 评审团总召
2016年 全球华人新锐室内设计大赛 荣誉评审
2014年 中国台北市立美术馆30周年典藏展计划的艺术区域，刘荣禄设计总监是首位以艺术家
身份受邀参加该空间艺术计划的设计师

2014年 入选中国（深圳）国际室内文化节 大中华区十佳设计师（别墅类）
2014年 获第十二届现代装饰国际传媒奖展示空间大奖
2008—2014年 获中国TID台湾室内设计大奖单层住宅设计奖
2014年 获德国红点设计大奖产品设计类室内设计奖
2015年 入围Andrew Martin安德鲁·马丁国际室内设计大奖
2016年 获第九届国际设计大奖荣誉奖
2016年 受邀参展澳门国际设计联展第三届"金莲花杯"国际设计大师邀请赛

几何的深度

几何的深度

邹春辉

中国香港邹春辉（国际）设计事务所（CHD）创始人。

曾任职于国内及国际多家顶级室内设计公司，并曾担任浙江亚厦股份有限公司设计院院长。参与多项知名酒店设计，包括BANYAN TREE、JW MARRIOTT、TANGLA、RAFFLES、CPOWNPLAZA、SO FITEL、SHERATON、HILTON等国际品牌酒店。近十年来，参与众多大型项目的策划与设计，设计经验丰富。

公司短短几年内分别在香港、深圳、海南、湖南、河南等地设立分公司，并在意大利设立研究中心。这是一家专注于全球高端酒店空间设计、软装艺术陈设、酒店投资等一站式服务的公司。

获奖荣誉：
获酒店设计最具影响力人物奖
获酒店设计榜样机构奖
获中国酒店设计领军人物奖
受邀参展2016澳门国际设计联展第三届"金莲花杯"国际设计大师邀请赛

三亚 开元名都酒店

三亚 开元名都酒店

刘 劲

广州东启建筑设计有限公司 创始人
广东东合建设股份有限公司 董事长
1994年 毕业于广州美术学院
2016年 受邀参展澳门国际设计联展第三届"金莲花杯"国际设计大师邀请赛

广东东合股份建设有限公司第十二所，主营公装室内设计，兼建筑设计及园林景观设计于一体，公司自成立以来，业务迅速发展，已遍布各大城市，先后做过很多大型的项目。如葛洲威斯汀酒店、上海高尔夫会所、北京北苑大酒店、番禺京华会、阳光半岛酒店等。公司以"精于心，简于形"的设计理念，用激情与灵魂赋予作品更高的价值，秉承"精心设计、精益求精"的专业精神，本着"细节成就完美、专业缔造经典"的设计态度得到了社会和业界的广泛认可，致力于将国际先进设计理念与项目本土传统文化相结合，追求每个作品的至高境界，使卓越的设计与市场完美地结合，缔造客户和设计师引以为荣的个性化世纪精品。

广东 东合股份建设有限公司 第十二所

广东 东合股份建设有限公司 第十二所

汪 拓

苏州右见商业设计机构联合创始人
苏州传世家具联合创始人
澳门国际设计联合会副理事长
苏州设计协会副会长
2009年 获江苏省第七届室内装饰设计优秀奖
2010年 获中国室内设计大赛一等奖
2010年 入选第四届全国环境艺术设计大展
2011年 获中国室内设计学会奖入选奖
2011年 获第二届中国国际空间环境艺术设计大赛（筑巢奖）优秀奖
2012年 被评为资深室内建筑师
2013年 获第四届中国国际空间环境艺术设计大赛（筑巢奖）提名奖
2014年 获CIDA中国室内设计大奖公共空间·商业空间奖
2014年 获第十届中国国际室内设计双年展金奖
2016年 受邀参展澳门国际设计联展第三届"金莲花杯"国际设计大师邀请赛

乡伴·树山

步雲
BU
YUN

3F	小雪
2.5F	寒露
2F	秋分 白露 芒种
1.5F	小满 谷雨 春分 惊蛰 雨水 立春
1F	

乡伴·树山

王政强

郑州弘文建筑装饰设计有限公司 总设计师

高级室内建筑师

中国建筑学会室内设计分会第十五（郑州）专业委员会学术顾问

河南省陈设艺术协会执行主任

亚太酒店设计协会河南分会副会长

中国澳门国际设计联合会副理事长

中国建筑学会室内设计分会会员

法国国立科学技术与管理学院设计管理专业硕士学位

2004年 获第七届新西兰羊毛局中国室内设计大奖赛佳作奖

2006年 被评为全国杰出中青年室内建筑师

2012年 被深圳现代装饰国际传媒授予年度精英设计师称号

2014年 获晶麒麟空间导演奖

2016年 受邀参展澳门国际设计联展第三届"金莲花杯"国际设计大师邀请赛

鄢陵建业生态新城二期销售中心

鄢陵建业生态新城二期销售中心

花海時光

鄢陵建业生态新城二期销售中心

鄢陵建业生态新城二期销售中心

殷艳明

中国建筑学会室内设计分会第三专业委员会副秘书长

高级室内建筑师

2001年创立深圳市创域设计有限公司

深圳市陈设艺术协会常务理事

SIID深圳市室内建筑设计协会理事

广东设计师联盟常务理事

国际室内建筑师、设计师联盟深圳委员会委员

《深圳晶报》《深圳商报》特约撰稿人

香港室内设计协会中国深圳代表处委员

2015年 中国设计星华南区海选裁判导师

2015年 房天下"东鹏杯"第六届家装榜样房设计大赛决赛评委

2015年 深圳国际家居饰品展金汐奖特邀评委

2015年 澳门国际设计联合会理事

2015年 荣获澳门国际设计联展第二届"金莲花杯"国际设计大师邀请赛办公空间类提名奖

2016年 受邀参展澳门国际设计联展第三届"金莲花杯"国际设计大师邀请赛

汕头 龙光润景东海岸新城V1多层别墅样板房

汕头 龙光润景东海岸新城V1多层别墅样板房

庞 斌

广东省集美设计工程公司设计中心 设计总监
广州尚森装饰设计有限公司 总经理
广州美术学院城市设计分院客座讲师
澳门国际联合理事会理事
广东设计师联盟第一届理事会常务理事
2009年 被评为羊城十大设计师
2014年 被评为广东省十佳精英设计师
2016年 受邀参展澳门国际设计联展第三届"金莲花杯"国际设计大师邀请赛

庞斌1991年毕业于广州美术学院首届环境艺术设计专业,从事室内设计工作20余年,并于2008年创立广州尚森装饰设计有限公司,近年来专注投入养生生态地产、度假温泉酒店的策划及设计,提倡建筑、室内、景观一体化设计。他秉承"设计在于细节创新,服务在于以人为本"的企业理念,力求将设计中的每一个细节都做到完美。近期参与主持设计的酒店项目有张家界盛美达度假酒店、广州丽柏酒店、广州英伦公馆酒店、北京龙熙温泉度假酒店、广州大自然水疗酒店、台山喜来温泉度假酒店二期等。其作品多次在筑巢奖、中国国际空间环境艺术设计大赛及金堂奖等赛事中获重要奖项,并荣登《亚洲大师家居设计》《羊城晚报》《南方都市报》《现代装饰》《E饰界》《雅居生活》等具影响力刊物。

广州 阳光大自然水汇

广州 阳光大自然水汇

桑 林

大连伯为建筑设计工程有限公司 董事长、首席设计师

大连市建筑装饰行业协会副会长

大连市室内装饰协会副会长

大连工业大学客座教授

中国建筑装饰协会设计委副主任委员

中国建筑装饰协会软装分会专家委员会专家

澳门国际设计联合会理事

受邀参展2016澳门国际设计联展第三届"金莲花杯"国际设计大师邀请赛

素研素食餐厅

素研素食餐厅

袁济安

厦门科舆建筑装饰设计有限公司 设计总监

厦门圣辰陈设艺术设计有限公司 创意总监

澳门国际设计联合会副理事长

工艺美术师

资深室内建筑师

福建省室内装饰装修协会副会长

亚太设计协会理事

中国建筑学会厦门设计专业委员会副秘书长

中国陈设艺术专业委员会（福建）常务副主任

中国建筑装饰协会设计委员会委员

意大利米兰理工大学国际室内设计专业硕士

清华大学酒店设计EMBA

厦门市青年创业导师

受邀参展2016澳门国际设计联展第三届"金莲花杯"国际设计大师邀请赛

厦门 客户接待中心

厦门 客户接待中心

厦门 客户接待中心

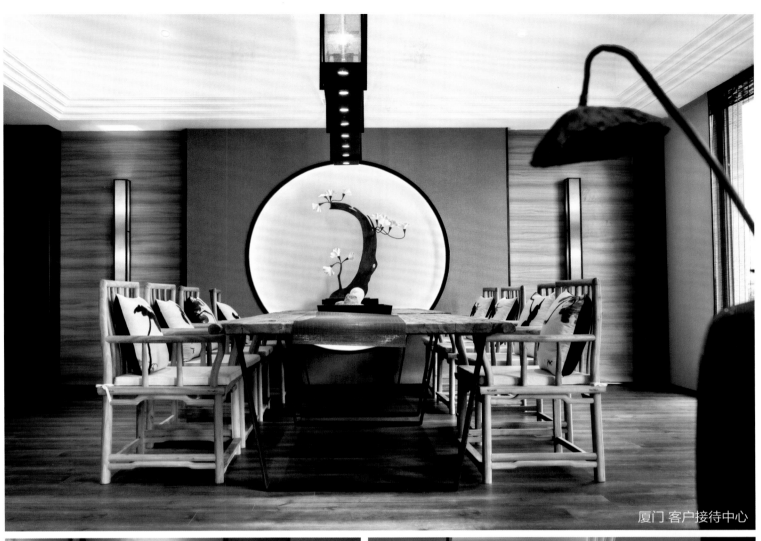

厦门 客户接待中心

谢小海

CM DESIGN 创始人、设计总监

一同设计集团 创始人

REDFURNITURE 创始人

意大利米兰理工大学室内设计管理硕士

金创意奖——2016十大资深设计师获得者

中国澳门国际设计联合会理事

被评为2016环球杰出青年设计师

"享受家软装设计精英邀请赛"特邀专家评委

北京理工大学珠海学院设计与艺术学院"协同创新育人指导专家"

中国与葡语国家经贸文化推广协会名誉顾问

受邀参展2016澳门国际设计联展第三届"金莲花杯"国际设计大师邀请赛

中国香港 Centre De Vin葡萄酒中心

中国香港 Centre De Vin葡萄酒中心

MACAO
澳门国际设计联展
INTERNATIONAL
DESIGN EXHIBITION

金莲花
Golden Lotus

第三届"金莲花杯"国际
设计大师邀请赛菁英奖获奖作品

第三届"金莲花杯"国际
设计大师邀请赛菁英奖获奖名录

曾建龙

凌子达

陈志斌

刘　威

杨　彬

谢英凯

贺钱威

赖旭东

黄治奇

唐玉霞

孙洪涛

曾建龙

GID格瑞龙国际设计有限公司 创始人、董事
新加坡FW国际设计中国区 负责人
亚太酒店协会中国区副秘书长
上海琅宿酒店投资管理公司 创始人、董事
意大利斯库图拉家居品牌中国区（斯库图拉生活美学馆）商业模式创造者
再生生活联合设计品牌 创始人
首位与意大利顶级品牌PROVASI合作设计的华人设计师
CIID中国建筑学会室内设计分会会员
高级室内建筑设计师
ICIAD国际室内建筑师与设计师理事会理事

2007年 荣获IF Design Award德国IF设计大奖
2009年 获IAI中国风设计大赛铜奖
2009年 获金指环-iC@ward全球室内设计大赛荣誉奖
2010年 获亚太室内设计双年大奖赛：餐馆空间设计优秀奖、最佳家具设计大奖
2010年 获第18届APIDA大奖
2010年 获CIID中国室内设计大奖赛一等奖
2010年 获金指环-ic@ward2010全球室内设计大奖赛酒店会所类金奖
2012年 家具设计作品获得IF Design Award德国IF设计大奖并邀请展出
2012年 亚太酒店设计大赛荣获亚太酒店设计十大风云人物奖
2013年 中国中央电视台及北京国际设计周为民生设计（北京12间）
2014年 参加上海东方卫视第一季《梦想改造家》
2015年 民生设计（北京12间）
2016年 获光华龙腾奖—中国装饰设计业十大杰出青年
2016年 获澳门国际设计联展第三届"金莲花杯"国际设计大师邀请赛菁英奖
2016—2017年《中国室内设计》杂志年度封面人物

平凹国际家居

采蝶轩时尚餐厅

采蝶轩时尚餐厅

凌子达

KLID达观国际设计事务所 设计总监
法国CNAM设计管理硕士

自2008年以来，已获300多项国际设计类大奖，以下选取部分奖项：
荣获德国红点（Red Dot）工业设计领域大奖3项，其中TAICHI荣获2014年度红点大奖
荣获德国IF设计大奖3项
连续七年获得意大利 A'DESIGN大奖，共25项大奖，其中TAICHI荣获2015年度最高荣誉铂金奖
四次入选有设计界奥斯卡之称的Andrew Martin安德鲁·马丁国际室内设计大奖
连续三年荣获伦敦FX国际室内设计奖年度大奖，其中两次获得年度最高奖
连续四年荣获伦敦SBID国际室内设计大奖，共7项大奖
连续两年荣获纽约HOSPITALITY设计大奖
连续六年荣获美国《室内设计》杂志年度最佳室内设计大奖，共7项大奖
两次获得美国IDEA国际设计优秀大奖，共5项大奖
荣获日本GOOD DESIGN2015年度优良设计奖
连续八年荣获香港APIDA亚太室内设计大奖，共13项大奖
连续四年获得日本JCD商业设计大奖，共16项大奖

登顶意大利A'DESIGN AWARD组织的：
2016—2017年度世界领先设计师（室内空间与展览设计类）排行榜第一名
2016年度世界设计排行榜中国第一名
荣登2016—2017年度世界最佳设计师排行榜全球第四名

2016年 荣获澳门国际设计联展第三届"金莲花杯"国际设计大师邀请赛菁英奖

太极拳 TAI CHI BOXING

界无限·观十方

界无限·观十方

陈志斌

任鸿扬集团陈志斌设计事务所创意总监、鸿扬集团设计师协会会长，长沙理工大学设计艺术学院客座教授，CIID中国建筑学会室内设计分会全国理事，APHDA亚太酒店设计协会理事，湖南省艺术家协会委员，高级工艺美术师，中国十大样板房设计师。入选湖南文艺人才"三百工程"，2013年美国纽约华尔街中美50人设计展参展人，2015年湖南设计力量"携手众创中部设计之都"策展人，2016年荣获澳门国际设计联展第三届"金莲花杯"国际设计师邀请赛菁英奖。

作品获香港亚太室内设计大奖赛样板房类别银奖，海峡两岸四地室内设计大赛住宅工程类特等奖，中国室内设计大赛商业方案类一等奖，中国室内空间环境艺术设计大赛展示空间一等奖。20年职业生涯，升华以文化内涵为核心的空间设计理论，磨砺出成熟的风格、严谨的思维、狂放的追求。

设计理念：以深厚的文化底蕴诠释当代空间。代表作品：不器斋艺术中心、橘子洲度假村、湖南林业厅酒店、京投银泰环球村12套样板及售楼部、歌剧魅影会所、四合院私人会所、阳光100西区国际样板房、根植东方非线性空间、抽象水墨·解构……

媒体报道与作品发表：
三次受邀主讲中央电视台《创意世界》栏目，多次主讲北京电视台装修栏目。中央二套《交换空间》样板空间作品，多家专业网站多次专访。近100本高品质书籍及文献收录作品。30多家知名杂志多次专访并发表作品与学术研究文章。2005年出版个人作品专辑《设计之旅》，2012年出版个人作品专辑《私享家——陈志斌室内设计作品集》。《北京晚报》《北京青年报》《长沙晚报》《潇湘晨报》等多家纸媒曾多次专访报道并发表其作品。

第六都楼王样板房

第六都楼王样板房

不器斋艺术中心

不器斋艺术中心

刘 威

意大利米兰理工学院硕士

IFI国际室内建筑师 / 设计师联盟会员

中国室内装饰协会专家委员会委员

中国澳门国际设计联合会副秘书长

武汉设计联盟学会秘书长

IFDA国际室内装饰设计协会会员

CIID中国建筑设计协会分会会员

2006—2007年 入选广州国际设计周年度精英人物

2007年 被评为武汉十大设计师

2009年 ICIAD国际建筑装饰室内设计协会理事

2010—2011年 入选首届中国十大当红设计师

2016年 荣获澳门国际设计联展第三届"金莲花杯"国际设计大师邀请赛菁英奖

华发·中城荟精装修样板间

华发·中城荟精装修样板间

华发·中城荟精装修样板间

杨 彬

香港柏盛国际设计顾问有限公司 董事、设计总监
郑州柏盛装饰设计工程有限公司 法人、董事长
中国高级室内建筑师
亚太酒店设计协会理事、河南分会会长
CIID中国建筑学会室内设计分会会员、第十五（河南）专业委员会副主任

主要荣誉：
2004年 荣获中国建筑协会"全国杰出中青年室内建筑师"称号
2005年 荣获"华耐杯"中国室内设计大奖赛佳作奖
2005年 荣获IFI国际室内建筑师 / 设计师联盟大奖赛佳作奖
2007年 荣获第五届中陶杯室内设计大奖赛金奖
2008年 荣获CIID"尚高杯"中国室内设计大奖赛优秀奖
2009年 荣获中国（上海）国际建筑及室内设计节"金外滩奖"入围奖
2011年 荣获中国照明应用设计大赛全国总决赛优胜奖
2011年 荣获深圳现代装饰"年度精英设计师"称号
2012年 荣获中国照明应用设计大赛全国总决赛佳作奖
2012年 荣获亚太酒店设计金艺奖"十大风云人物"称号
2012年 荣获金堂奖年度优秀酒店空间设计奖、年度优秀娱乐空间设计奖
2014年 荣获第五届中国国际空间环境艺术设计大赛"筑巢奖"银奖
2014年 个人及作品被全国百佳设计评选为：全国百佳资深设计师、全国最佳办公空间设计、全国最佳酒店空间设计
2014年 荣获APDC AWARDS亚太室内设计精英邀请赛办公空间优胜奖、酒店空间佳作奖
2016年 荣获澳门国际设计联展第三届"金莲花杯"国际设计大师邀请赛菁英奖

柏盛国际办公

柏盛国际办公

天津 泰合府

武汉 爱虾堂食

谢英凯

汤物臣·肯文创意集团 执行董事兼设计总监

广州大学室内设计系毕业

法国国立工艺学院（CNAM）工程与设计项目管理硕士

广州美术学院客座讲师

中国建筑学会室内设计分会第九（广州）专业委员会执行会长

中国建筑学会室内设计分会《中国室内设计》杂志编委

羊城设计联盟副理事长

法国室内设计协会会员

中国房地产协会商业地产专委会商业地产研究员

"七+5"公益设计组织联合创办人

社会荣誉：

2012年 获金堂奖年度公益设计奖

2012年 获Hospitality Design Awards美国酒店空间设计大奖

2013年 获iC@ward金指环全球设计大奖银奖

2014年 获中国香港APIDA设计奖

2014年 获英国餐厅酒吧设计奖

2015年 获金堂奖年度最佳展览设计奖

2015年 获中国台湾TID设计大奖

2015年 获意大利A'设计大奖

2015年 获英国SBID设计奖

2015年 获日本优良设计奖

2015年 获美国年度最佳设计奖冠军

2015年 获澳门国际设计联展第二届"金莲花杯"国际设计大师邀请赛公共空间类提名奖

2016年 获德国IF设计大奖

2016年 获澳门国际设计联展第三届"金莲花杯"国际设计大师邀请赛菁英奖

《梦想改造家》之"不能忘记的家"

《梦想改造家》之"不能忘记的家"

《梦想改造家》之"不能忘记的家"

《梦想改造家》之"不能忘记的家"

贺钱威

资深室内建筑师
毕业于中国美院艺术设计学院室内设计专业
清华大学酒店设计高级研修班
意大利米兰理工大学（国际）设计管理硕士
中国杰出的中青年室内建筑师
"全国百名优秀室内建筑师"之一
中国建筑装饰协会设计委员会委员
亚太酒店设计协会理事
ICIAD国际室内建筑师与设计师理事会宁波区理事长
IFI国际室内建筑师／设计师联盟专业会员
CIID中国建筑学会室内设计专业会员
SZAID深圳市设计师协会专业会员
LA·H贺钱威设计师事务所创始人、总设计师
新加坡GID国际酒店设计集团在中方的核心合伙人
浙江设计精英邀请赛专业评委
金美奖空间设计大奖赛专家评委
入选国家文化部、财政部人才库
2007年 中国样板房设计流行趋势发展论坛主讲嘉宾
2013年 荣获金指环2012全球设计大奖样板房金奖、展示空间银奖
2014年 入选国家文化部、财政部人才库，并荣获"中国百强青年设计师"称号
2014年 荣获美国2014—2015年《莱斯》"中国室内设计年度封面人物"称号
2014年 荣获PChouse时尚设计盛典"中国十大高端室内设计师"称号
2014年 荣获"2014大中华区十佳样板房设计师"称号
2015年 荣获法国巴黎首届国际艺术博览会"会所空间类"金奖
2015年 被IDS国际设计中心授予"中国设计先锋人物"称号
2015年 荣获澳门国际设计联展第二届"金莲花杯"国际设计大师邀请赛公共空间类银奖
2016年 IDS—WINS国际设计峰会论坛嘉宾
2016年 荣获澳门国际设计联展第三届"金莲花杯"国际设计大师邀请赛菁英奖

Lili & Moli西餐厅

Lili & Moli西餐厅

Lili & Moli西餐厅

Lili & Moli西餐厅

赖旭东

重庆年代营创室内设计有限公司 设计总监

深圳市美芝装饰设计工程有限公司 设计总监

新加坡WHD联合国际设计公司 西南区设计总监

四川美术学院装潢环艺系室内设计专业学士

清华大学美术学院酒店设计高级研修班进修

德国包豪斯室内设计高级班进修

高等教育室内设计专业副教授

中国建筑学会室内设计学会注册高级室内建筑师

中国建筑学会室内设计学会会员及理事

中国建筑学会室内设计学会第十九（重庆）专业委员会副会长

中国建筑装饰协会设计委员会委员

亚太酒店设计协会常务理事

《建筑知识a+a》杂志顾问委员会委员

《室内公共空间》杂志编委

《空间艺术AXD》杂志编委

2016年 荣获澳门国际设计联展第三届"金莲花杯"国际设计大师邀请赛菁英奖

重庆 见涨老火锅

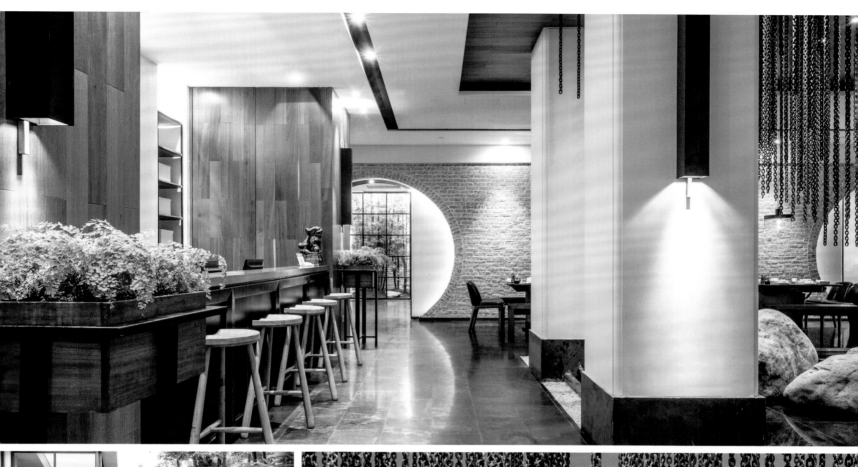

重庆 见涨老火锅

重庆 见涨老火锅

重庆 见涨老火锅

黄治奇

DMA（英国）建筑设计集团 合伙人
0755装饰设计有限公司 首席创意总监
澳门城市大学在读博士
意大利米兰理工大学设计管理硕士
中国湛江设计力量协会总会长
澳门国际设计联合会理事长
东莞市湛江商会执行会长
广州岭南技术学院客座教授
珠海城市职业学院客座教授
珠海艺术职业学院客座教授
荣获"广东省五一劳动奖章"
荣获亚太IAI"最佳设计大奖"
荣获中国室内设计人物奖"十大风云人物奖"
金堂奖中国室内设计年度"十佳娱乐空间设计"获得者
荣获中外酒店（第九届）白金奖"最佳酒店创意设计白金奖"
2015年 荣获澳门国际设计联展第二届"金莲花杯"国际设计大师邀请赛酒店空间方案类提名奖
2016年 荣获澳门国际设计联展第三届"金莲花杯"国际设计大师邀请赛"商业空间类"金奖
2016年 荣获澳门国际设计联展第三届"金莲花杯"国际设计大师邀请赛菁英奖

擅长酒店、娱乐空间设计，国内外获奖无数，并多次和国外知名设计师携手合作。近年来在设计界备受关注，频繁登上国内外各大设计杂志。其独特的设计手法及遍布国内外各地的成功案例受到各界人士的认可。每年都有从世界各地慕名而来的业主寻其设计，望其打造出立足市场的品牌项目。

深圳 龙华城市酒店

深圳 龙华城市酒店

深圳 龙华城市酒店

深圳 龙华城市酒店

孙洪涛

中国美术学院国艺城市设计研究院 副院长及设计总监

SUN设计事务所 设计总监

浙江亚厦装饰股份有限公司 副总设计师

中国建筑装饰协会高级室内建筑师

中国建筑装饰协会高级陈设艺术设计师

中国建筑装饰协会杰出中青年室内建筑师

中国建筑装饰协会资深室内建筑师

长年致力于高端酒店、会所、样板房、精装楼盘的设计与研究

2016年 荣获澳门国际设计联展第三届"金莲花杯"国际设计大师邀请赛菁英奖

崇贤时代售楼处

崇贤时代售楼处

武汉 旭辉钰龙半岛售楼处

武汉 旭辉钰龙半岛售楼处

唐玉霞

大鱼缤纷（北京）装饰艺术设计有限公司 创始人

著名室内装饰设计师

将美化空间纳入社会责任的倡导者

为地产百强企业进行空间设计及软装采配，并获好评

美容行业会所首席设计师

多次接受专访，作品多次登上知名杂志

2015年 荣获澳门国际设计联展第二届"金莲花杯"国际
设计大师邀请赛公共空间类提名奖

2016年 荣获澳门国际设计联展第三届"金莲花杯"国际
设计大师邀请赛菁英奖

山天家园五期D户型样板间

山天家园五期D户型样板间

天津中新生态城

天津中新生态城

MACAO

澳门国际设计联展

INTERNATIONAL
DESIGN EXHIBITION

金莲花
Golden Lotus

第三届"金莲花杯"国际
设计大师邀请赛获奖作品

第三届"金莲花杯"国际设计大师邀请赛获奖作品名录

建筑·景观·规划方案类

金奖：卡洛斯·法雷塔、陈宏良

银奖：金燕

铜奖：罗伟

提名奖：陈盛家、王怀宇、汪琬

酒店空间类

金奖：成联进

银奖：白涛

铜奖：唐应强

提名奖：吕邵苍、陈伟文、柯有锐

酒店空间方案类

金奖：孙耀国

银奖：胡批修

铜奖：李宇清

提名奖：江利锋、梁虓、张春磊

家居空间类

金奖：刘卫军

银奖：陆伟英

铜奖：陈炳坤

提名奖：赵鑫、王少青、谭沛嵘

办公空间类

金奖：吴开城

银奖：蒋缪奕

铜奖：孙元亮

提名奖：吴佩峰、李康运、梁宇文

商业空间类

金奖：深圳市零柒伍伍装饰设计有限公司

银奖：朱回瀚

铜奖：于明天

提名奖：蔡祝源、余良麒、苏艳莊

室内空间方案类

金奖：赵鹏

银奖：伍铁志

铜奖：李海军

提名奖：单昱俊、铁柱、刘家雄

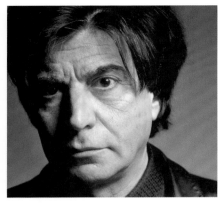

卡洛斯·法雷塔

巴塞罗那1944年加泰罗尼亚理工大学建筑与建筑工程设计教授

巴塞罗那Cátedra布兰卡总监

2006年，卡洛斯与沙维尔·马丁、露西亚·费雷塔、博尔哈·费雷塔在巴塞罗那成立建筑办公室（巴塞罗那OAB）

曾获得西班牙住房部颁发的2009年终身成就国家级建筑奖

从2011年12月起，成为英国皇家建筑师学会会员（国际RIBA团体）

从2000年起至今，曾获得5个FAD（西班牙国家级奖项）奖

同时，曾三次入围密斯·凡德罗奖

2016年 荣获澳门国际设计联展第三届"金莲花杯"国际设计大师邀请赛"建筑·景观·规划方案类"金奖

陈宏良

天萌国际设计联合创始人、董事长、总建筑师

北京交通大学、清华大学建筑学院

国家一级注册建筑师

2014年 荣获IHFO"中外酒店建筑设计大师"荣誉

2015年 受聘为美居奖活动评委

2014年 荣获GREEN PALM绿棕榈奖商业办公室建筑设计银奖及最具创新作品奖

2014年 荣获金拱奖绿色设计金奖

2016年 荣获澳门国际设计联展第三届"金莲花杯"国际设计大师邀请赛"建筑·景观·规划方案类"金奖

南海明珠生态岛

南海明珠生态岛

南海明珠生态岛

金 燕

广州市筑意空间装饰设计工程有限公司 总经理 、总设计师
合作设计师：翁永军、许睿思、林杰兵、谭巧
荣获2016澳门国际设计联展第三届"金莲花杯"国际设计
大师邀请赛"建筑·景观·规划方案类"银奖

代表作品：
西安新世界百货设计
山西天美名店设计
西安宏府A区售楼部设计
贵阳中大国际广场商场设计
保利贵州国际广场销售中心设计

青岩印象

青岩印象

罗 伟

美国高思迪赛设计集团GROWTH DESIGN 创始人

中国深圳高思迪赛装饰设计有限公司 总经理、设计总监

泰国曼谷高思迪赛设计机构 创始人

越南北宁高思迪赛设计机构 创始人

中国广州天工木 创始人

湛江设计力量深圳区会长

澳门国际设计联合会副理事长

中国娱乐设计协会荣誉会长

首创以"适即是多"为核心的生长型设计理念，是生长型设计理念的创导者

荣获2016澳门国际设计联展第三届"金莲花杯"国际设计大师邀请赛"建筑·景观·规划方案类" 铜奖

吉林 紫梦香谷设计方案

吉林 紫梦香谷设计方案

陈盛家

澳门RYB国际·三原色建筑装饰设计院 设计总监
CIID中国建筑学会室内设计珠海分会常务理事
珠海市室内设计协会理事
毕业于广州大学建筑学专业
广东省艺术设计中级专业资格职称

2008年 获"岭南杯"广东装饰行业设计作品展铜奖
2010年 获第五届海峡两岸四地室内设计大赛铜奖
2010年 获第八届中国国际室内设计双年展优秀奖
2010年度珠海市优秀规划勘察设计一等奖获得者
2012年度珠海市优秀勘察设计三等奖获得者
2013年 被CIID中国室内设计协会评选为珠海地区优秀青年室内设计师
2016年 获"粤港澳"绿色家居创意设计大赛优秀奖
2016年 获澳门国际设计联展第三届"金莲花杯"国际设计大师邀请赛
"建筑·景观·规划方案类"提名奖

深圳 康利城商业综合体项目

深圳 康利城商业综合体项目

王怀宇

山西大学 副教授
荣获2016澳门国际设计联展第三届"金莲花杯"国际设计大师邀请赛
"建筑·景观·规划方案类"提名奖

印象 新街

印象 新街

汪 琬

上海锐优创意设计有限公司 主创设计师
中国美术学院硕士
中国美术学院城市空间研究室成员

就读于中国美术学院，研究方向为展示设计，研究生在读期间创作作品就获好评，作品以展示设计、室内设计、布景艺术、视觉艺术为主。专注于用诗性思维融入空间设计，进行具有人文内涵的空间创作。现居上海，任教于上海工艺美术职业学院。

荣获2016澳门国际设计联展第三届"金莲花杯"国际设计大师邀请赛"建筑·景观·规划方案类"提名奖

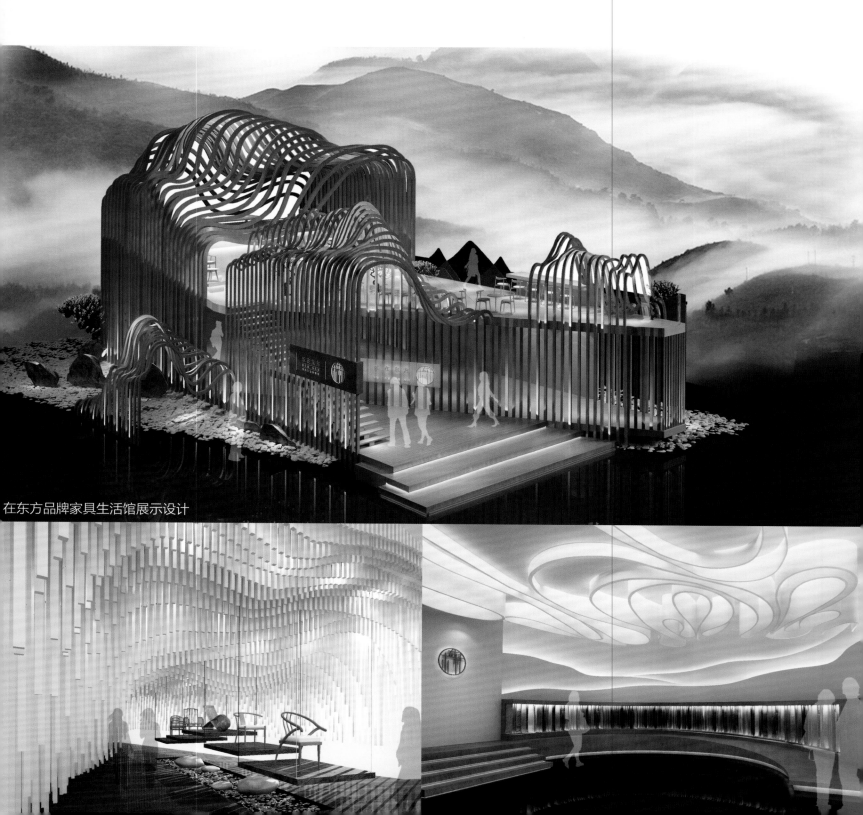

在东方品牌家具生活馆展示设计

乐在东方品牌家具生活馆展示设计

成联进

广东美科设计工程有限公司昆明分公司设计院 总设计师

云南康辉东联酒店景区投资股份发展有限公司 合伙人

毕业于云南艺术学院室内设计专业

云南室内设计协会学术委员会委员

云南装饰行业协会常务理事

研究方向：新东方风格

荣获2016澳门国际设计联展第三届"金莲花杯"国际设计

大师邀请赛"酒店空间类"金奖

昆明 阿波罗SPA

昆明 阿波罗SPA

昆明 阿波罗SPA

昆明 阿波罗SPA

白 涛

中山市诚一建设顾问有限公司 创办人
广东省陈设艺术协会常务理事
中山市装饰设计行业协会执行会长
毕业于鲁迅美术学院服装设计系
中国建筑学会室内设计分会第五十一（中山）专业委员会主任
荣获2016澳门国际设计联展第三届"金莲花杯"国际设计大师
邀请赛"酒店空间类"银奖

主要作品：
中山市风云酒吧设计
中山市菊城酒店设计
中山市高平酒楼设计
中山市花城酒店设计
中山市永利康乐城设计
中山市时代花城酒店设计

花之殿堂 小榄时代花城酒店

花之殿堂 小榄时代花城酒店

花之殿堂 小榄时代花城酒店

花之殿堂 小榄时代花城酒店

唐应强

贵州大唐设计顾问有限公司 设计总监

主要荣誉：
2016年 荣获澳门国际设计联展第三届"金莲花杯"国际设计大师
邀请赛"酒店空间类"铜奖
2016年 荣获澳门国际设计联展第三届"金莲花杯"国际设计大师
邀请赛年度人物创新奖
2016年 中国室内设计年度评选金堂奖优秀作品

曾就读于贵州大学艺术学院室内设计专业，毕业后进入设计行业，
长期从事与空间设计实践相关的工作，随后担任贵州大学艺术学院
客座讲师，并进修清华大学美术学商业空间高级研修班，一直专注
于商业空间领域的设计与研究，从此走上商业设计的道路，创建贵
州大唐设计顾问有限公司，担任总经理、设计总监职务。

黄丝江边度假酒店

黄丝江边度假酒店

吕邵苍

无锡观点设计工作室 创始人
清华建筑设计与工程首届高级研修班
意大利米兰理工大学室内设计硕士
上海云隐酒店管理发展有限公司 创始人、产品总设计
吕邵苍酒店设计事务所 总设计师
2002—2014年 吕邵苍设计事务所荣膺全国各大权威设计赛事金奖十余件
2010年 吕邵苍酒店设计事务所被评为中国1989—2009二十大著名设计事务所之一
2010年"尚高杯"中国室内设计大奖赛评审委员会评委
2012年 被评为亚太十大领衔酒店设计人物
2013—2014年度无锡观点设计工作室被评为CIID学会奖最佳设计企业
2014年 吕邵苍酒店设计事务所被评为第一届中国文化酒店"青花奖"最佳创意设计机构
2014年 中国建筑学会室内设计分会青年设计大赛评委
2016年 荣获澳门国际设计联展第三届"金莲花杯"国际设计大师邀请赛"酒店空间类"提名奖
中国百名优秀室内建筑师
中国建筑学会室内设计学会全国理事
中国建筑学会室内设计第三十六(无锡)专业副主任
国际IFI设计学会会员

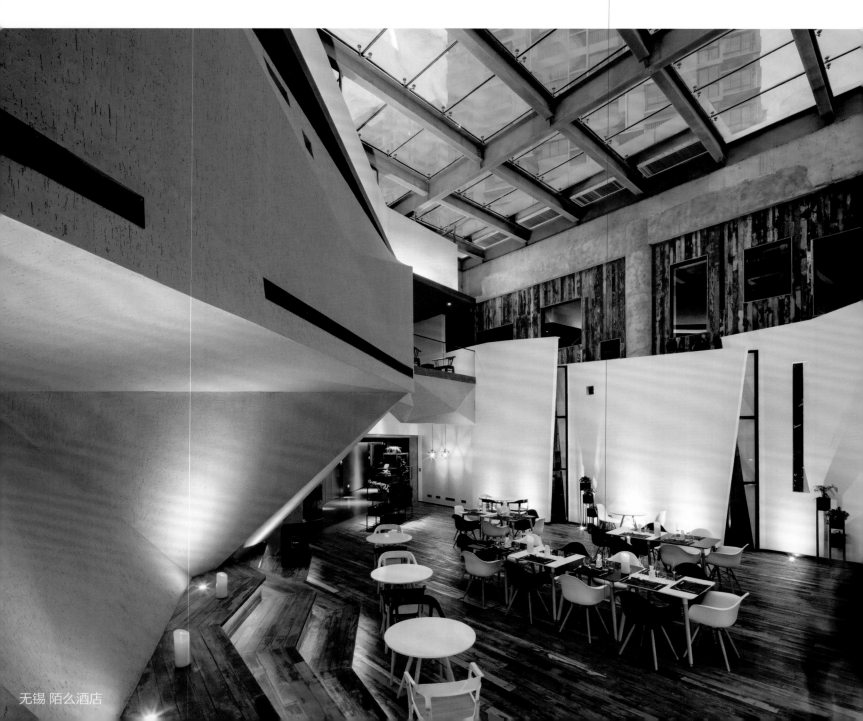

无锡 陌么酒店

无锡 陌么酒店

陈伟文

同心同盟 创始人
中欧商学院校友
高级室内建筑师
中国建筑装饰协会会员
中华室内设计网钻石会员
湛江设计力量发起人兼总监事长
深圳室内设计师协会第三届理事会常务理事（2013—2016）
深圳室内设计师协会第三届理事会副秘书长（2016—2018）

第八届中国国际建筑装饰及设计博览会2012—2013年度最具影响力设计师（酒店设计类）
2013年 获艾特奖最佳酒店设计提名奖
2013年 获CIDA中国室内设计大奖公共空间酒店设计奖提名奖
2013年度深圳市最佳室内设计师获得者
2014年 获深圳市十年十杰设计大奖（2004—2014）
2014年 大中华区十佳酒店设计师获得者
2015年 获艾特奖最佳酒店设计提名奖
2016年 获第四届金创意奖国际空间设计大赛"餐饮空间类"银奖
2016年 获澳门国际设计联展第三届"金莲花杯"国际设计大师邀请赛"酒店空间类"提名奖

福建 璟江大酒店

福建 璟江大酒店

柯有锐

昆明空格设计装饰工程有限公司 创始人
云南省室内设计行业协会（YNID）会员
2008年 毕业于西南林业大学
2012年 进修清华大学酒店设计研修班
2013年 进修意大利米兰理工大学，获室内设计管理硕士学位
亚太酒店设计协会会员
中国室内设计师协会会员
2016年 荣获澳门国际设计联展第三届"金莲花杯"国际设计大师
邀请赛"酒店空间类"提名奖

主要项目：
云南红酒集团弥勒教堂设计
西双版纳亿成阳光国际大酒店设计
昆明驻下艺术酒店设计
西双版纳陌莲酒店设计

昆明 驻下艺术酒店

孙耀国

香港i3设计事务所有限公司 主创设计师
2009年1月—2013年8月 云南中策装饰设计有限公司 主创设计师
2013年8月至今香港i3设计事务所有限公司 主创设计师
2016年 荣获澳门国际设计联展第三届"金莲花杯"国际设计大师
邀请赛"酒店空间方案类"金奖

代表作品:

云南大理才村酒店设计、云南罗平森林公园度假酒店设计、云南昆
明长水航城锦冠酒店设计、云南丽江花马酒店设计、云南丽江丽水
精品酒店设计、云南勐海景龙白象大酒店设计、云南丽江丽月湖岸
酒店设计、云南丽江玉湖村帐篷酒店设计、云南罗平曦城售楼部设
计、云南个旧金湖尚城售楼部设计、云南泸西金林·帝景湾售楼部
设计、云南大理耀鹏明珠售楼部设计、云南赤水·凯粤壹品售楼部
设计、云南西山万达办公室设计、云南润城振兴集团总部办公室设
计、云南世博生态城大理公馆设计、云南腾冲腾贤苑设计、云南昆
明悦湖郡设计、云南大理五方院设计。

大理 洱源温泉酒

大理 洱源温泉酒店

大理 洱源温泉酒店

胡批修

高级室内建筑师，专业酒店顾问
中国建筑学会室内设计学会会员
亚太酒店协会理事
苏州金螳螂建筑装饰股份有限公司设计研究院酒店专家委员
2016年 荣获澳门国际设计联展第三届"金莲花杯"国际设计大师邀请赛"酒店空间方案类"银奖

从事设计工作20余年。尤其是他在美国豪生（HOWARD JOHNSON）酒店管理集团总部负责设计管理7年间，规划筹建约90家五星级酒店，其中已建设开业20家。胡批修非常熟悉国际品牌酒店的运营理念、设计标准，为设计团队、业主、管理公司以及其他顾问设计团队搭建良好的沟通桥梁，其丰富的设计管理经验和真诚的服务态度，一直带领团队高效、高质量地实现目标。

贵阳 花果园

贵阳 花果园

贵阳 花果园

贵阳 花果园

李宇清

苏州金螳螂建筑装饰股份有限公司上海设计公司深化二所所长，有15年大型酒店室内装饰深化设计及家具设计经验。在高档酒店和会所设计方面有独创性，被评为全国杰出中青年室内建筑师。其设计的上海皇家艾美酒店入选2007年《中国室内设计》第10期。

主要奖项：
2008年 获中国室内设计大奖赛"尚高杯"工程奖三等奖
2008年 获中国室内设计大奖赛"尚高杯"工程奖佳作奖
2016年 获澳门国际设计联展第三届"金莲花杯"国际设计大师邀请赛"酒店空间方案类"铜奖

上海 古北御庭

上海 古北御庭

江利锋

苏州金螳螂建筑装饰股份有限公司 主案设计师

中国建筑装饰协会会员

荣获2016澳门国际设计联展第三届"金莲花杯"国际设计大师

邀请赛"酒店空间方案类"提名奖

苏州 阳澄湖精品酒店

苏州 阳澄湖精品酒店

梁 虓

苏州金螳螂建筑装饰股份有限公司 第八设计院院长
亚太酒店协会理事
中国酒店设计资深设计师
2010—2011、2011—2012年度资深设计师
2012年 被亚太酒店设计评为十大新锐人物
2012—2013年度十佳商业规划及空间设计师获得者
2013—2014年度室内设计百强人物获得者
2012年 获中国国际室内设计双年展金奖
2013年 获全国装饰优秀设计奖
2013年 获亚太室内设计精英邀请赛铜奖
2013年 获CIDA中国室内设计大奖全国装饰优秀设计奖
2014年 获亚太精英邀请赛优胜奖
2013—2014年度国际环艺创新设计作品大赛售楼处空间二等奖获得者
2013—2014年度国际环艺创新设计作品大赛"商业空间类"二等奖获得者
获第三届中国建筑装饰设计艺术作品展样板房空间方案类银奖
获第三届中国建筑装饰设计艺术作品展商品房、公寓、别墅空间方案类银奖
2014—2015年度亚太室内设计精英邀请赛优胜奖
2016年 荣获澳门国际设计联展第三届"金莲花杯"国际设计大师邀请赛"酒店空间方案类"提名奖

成都 置信鹭湖宫大平层

成都 置信鹭湖宫大平层

张春磊

苏州金螳螂建筑装饰股份有限公司 第二设计公司主任设计师
中国建筑学会室内设计分会（CIID）会员
中国建筑装饰协会（CBDA）会员
毕业于扬州大学建筑科学与工程学院

主要奖项：
2011年 荣获"新中源杯"南京室内设计大奖赛二等奖
2013年 荣获"永隆·星空间杯"江苏省室内设计、陈设设计大奖赛优秀奖
2014年 荣获中国国际建筑与室内设计节"金外滩奖"
2015年 荣获第三届中国建筑装饰设计奖银奖
2015年 荣获第三届中国建筑装饰设计奖铜奖
2016年 荣获第四届中国建筑装饰设计奖银奖
2016年 荣获第十一届中国室内设计双年展金奖
2016年 荣获澳门国际设计联展第三届"金莲花杯"国际设计大师
邀请赛"酒店空间方案类"提名奖

南京 万源精品酒店

南京 万源精品酒店

刘卫军

PINKI品伊国际创意品牌 创始人
PINKI DESIGN 首席创意总监
全球知名华人设计师
澳门国际设计联合会副会长
国际认证与注册华人设计师
2002年 首位在中国人民大会堂推行发布陈设艺术配饰专业发展的设计师
2005年 首次获邀参展美国波士顿举行的设计作品展的中国设计师
美国纽约联合国大厦"当代艺术·创意设计展"中国设计师代表
法国双面神"INNODESIGN PRIZE"国际设计大奖入选设计师
首登《亚洲新闻人物》的中国设计师
中国首批国家注册高级室内建筑师
CIID首批著书立作的设计师
CIID首位亚洲室内设计学术论文奖获得者
CIID深圳专业委员会常务副会长
2016年 荣获澳门国际设计联展第三届"金莲花杯"国际设计大师邀请赛"家居空间类"金奖

THE ARTIST PINKI 5

大艺术家

形

中国广州南沙金茂湾商墅
Suppliers Villa Of JINMAOWAN

用一种艺术的态度去生活
Life with an attitude of Art .

中国广州 南沙金茂湾商墅

中国广州 南沙金茂湾商墅

中国广州 南沙金茂湾商墅

陆伟英

现为深圳市盘石室内设计有限公司 合伙人

深圳市蒲草陈设艺术设计有限公司 创始人

米兰理工大学国际室内设计学院硕士

中国建筑学会室内设计分会会员

意大利米兰理工大学室内设计管理硕士

中国建筑高级室内工程师

2013—2014年度最具影响力设计师——样板房空间类

致力于样板房、营销中心、会所、别墅、酒店、商业空间、陈设艺术设计等各项设计

2016年 荣获澳门国际设计联展第三届"金莲花杯"国际设计大师邀请赛"家居空间类"银奖

杭州 长龙领航90户型样板房

杭州 长龙领航90户型样板房

陈炳坤

广州韦利斯室内设计有限公司 创始人

在团队各方的努力下，通过几年的稳健发展，公司已得到客户及行业的广泛认同，并与客户保持良好的长期合作关系。目前已成为中国设计行业一支活跃的设计队伍，并以此为激励，认真进取、不断努力，期望能为客户创造更多有价值并具高品位的室内建筑空间，做到引领高端设计市场的发展潮流。

2015年 获筑巢奖娱乐空间金奖
2015年 获金堂奖零售空间类优秀奖
2015年 获CIDA公共空间·办公空间金奖
2015年 获居然杯公共空间·商业空间提名奖
2015年 获居然杯居住空间·样板间提名奖
2016年 获澳门国际设计联展第三届"金莲花杯"国际设计大师邀请赛"家居空间类"铜奖

财富海景花园13号别墅

财富海景花园13号别墅

赵 鑫

高级室内建筑师

山西省室内装饰协会设计委员会常务副主任

中国建筑学会室内设计分会第二十九（山西）专业委员会理事

中国建筑装饰协会会员

高级室内设计师

澳门国际设计联合会副理事长

2005年 深造于清华大学首届建筑与室内设计高级研修班

2006年 就读于法国国立科学技术管理学院（CNMA）项目管理硕士班

2008年 深造于清华大学酒店设计高级研修班

2016年 荣获澳门国际设计联展第三届"金莲花杯"国际设计大师邀请赛
"家居空间类"提名奖

设计作品多次受到好评，且部分作品被评为示范单位。长期参加全国范
围内学术交流活动，多次在全国设计大赛中得奖。

Billy家的五点半

Billy家的五点半

王少青

赛拉维室内装饰设计（天津）有限公司 创始人、总设计师
"全国百强设计师"之一
高级室内建筑师
澳门国际设计联合会会员
香港室内设计师协会会员
2001年 毕业于天津美术学院
天津工艺美术学院讲师，中国人民大学艺术学院研究生，天津大学建筑学硕士
2007年 任中南地产设计研究院副院长
2012年 就职于苏州金螳螂建筑装饰股份有限公司，任天津设计院设计副院长
2012年 创立赛拉维室内装饰设计（天津）有限公司
2016年 荣获澳门国际设计联展第三届"金莲花杯"国际设计大师邀请赛
"家居空间类"提名奖

武汉 旭辉御府E2现代风格别墅样板房

武汉 旭辉御府E2现代风格别墅样板房

谭沛嵘

昊设计工程有限公司 创办人
澳门国际设计联合会会员

早年于香港观塘职业训练中心修读设计专业，毕业后任职于香港多家知名室内设计公司，2003年于澳门创立了个人设计公司 ET Design，其后公司不断发展壮大，云集多名优秀的港澳设计师，得到广大客户的认可，作品多次被海内外多家专业的室内设计杂志刊登。公司业务渐趋多元化发展，包括室内设计、建设施工、物料供应、家具配套，以至广告策划及推广等。

2016年 荣获澳门国际设计联展第三届"金莲花杯"国际设计大师邀请赛"家居空间类"提名奖

中国澳门 大潭山壹号

中国澳门 大潭山壹号

吴开城

深圳海外装饰工程有限公司 首席设计师
深圳市凯诚装饰工程设计有限公司 董事长

主要荣誉：
2002年 获"史丹利杯"中国室内设计"办公空间类"优秀奖
2004年 获"华耐杯"中国室内设计酒店空间、别墅空间大奖
2004年 获"林安杯"应用室内设计竞赛餐饮娱乐空间二等奖
2005年 获"华耐杯"中国室内设计办公空间、展示厅大奖
2007年 获"华耐杯"中国室内设计酒店空间大奖
2009年 获"鹏城杯"深圳室内设计协会设计大赛优秀奖
2012年 获艾特奖最佳办公空间设计大奖
2012年 获艾特奖最佳别墅豪宅空间设计大奖
2012年 获艾特奖最佳展示空间设计大奖
2012年 获金艺奖亚太酒店设计大奖赛金奖
2016年 获澳门国际设计联展第三届"金莲花杯"国际设计大师
邀请赛"办公空间类"金奖

厦门 国际金融交易中心办公室

厦门 国际金融交易中心办公室

厦门 国际金融交易中心办公室

厦门国际金融交易中心办公室

蒋缪奕

苏州金螳螂建筑装饰股份有限公司 设计七分院执行总经理

国际注册高级室内设计师、高级工程师

全国杰出的中青年室内建筑师

国际装饰室内设计协会华东分会副会长

2007年 荣获江苏省第六届室内设计大奖赛一等奖

2009年 被国际建筑装饰室内设计协会授予"全国最具影响力的资深室内设计师"称号

2010年 被第五届中国国际艺术博览会授予"十大新锐人物"称号

2010年 荣获中国建筑装饰协会"资深室内建筑师"称号

2011—2012年度荣获第五届海峡两岸四地室内设计大赛设计师组方案类金奖

2012—2013年度荣获国际环艺创新设计大奖赛(华鼎奖)一等奖(会所方案设计类)

2016年 荣获澳门国际设计联展第三届"金莲花杯"国际设计大师邀请赛"办公空间类"银奖

上海 中心大厦

上海 中心大厦

上海 中心大厦

上海 中心大厦

孙元亮

苏州右见商业设计机构 设计总监

国家注册照明设计师

国家高级设计师

2003年 荣获中国室内设计大赛最佳装饰奖

2007年 荣获中国十大新锐设计50强

2008年 荣获中国样板房设计大赛最佳作品奖

2009年 荣获中国室内空间环境艺术设计大赛"住宅空间"优秀奖

2010年 荣获中国住宅设计最佳灯光设计奖

2010年 荣获中国十大设计师新锐大赛新锐作品一等奖

2012年 荣获中国建筑装饰第三届筑巢奖优秀奖

2014年 荣获第五届中国国际空间环境艺术设计大赛"别墅空间、工程类"优秀创意奖

2016年 荣获澳门国际设计联展第三届"金莲花杯"国际设计大师邀请赛"办公空间类"铜奖

右见办公空间

右见办公空间

吴佩峰

峰格工作室（SUMMT STYLE STUDIO）负责人

自1993年室内环境设计专业毕业至今，一直从事室内设计专职工作，见证和参与了国内装饰装修行业的整个发展过程。于2003年取得中国室内装饰协会高级室内设计师资格，完成了大量不同类型的室内环境设计工程项目，经常参与国内外同行和相关行业的交流协作。

2016年 荣获澳门国际设计联展第三届"金莲花杯"国际设计大师邀请赛"办公空间类"提名奖

KOLITY多功能中心

KOLITY多功能中心

李康运

阿康室内设计工作室 设计总监

2002年在同济大学进修室内设计。从事过美工和企划等工作，2003年转做室内设计。先后在深圳、上海、银川等多家设计事务所担任设计工作，主要设计住宅、会所、精品酒店及办公空间。

2005年 深圳市第二届电视家居设计大赛获奖设计师获得者
2009年 中国建筑装饰学会金外滩奖获奖设计师获得者
2010年 中国国际室内设计大赛艾特奖获奖设计师获得者
2012年 中国建筑装饰协会中国十大青年设计师获得者
2011—2015年 筑巢奖获奖设计师获得者
2015年 筑巢奖银川十大室内设计师获得者
2016年 荣获澳门国际设计联展第三届"金莲花杯"国际设计大师邀请赛"办公空间类"提名奖

BOCI佛山办公室

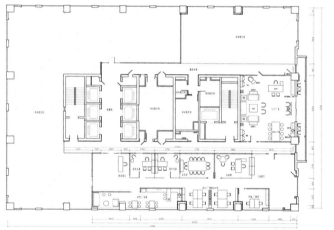

BOCI佛山办公室

梁宇文

昆明优创装饰工程有限公司 / 高堂炫宇空间设计机构 总经理、设计总监
昆明室内设计师协会会员
昆明建筑装饰协会会员
昆明学院设计系客座讲师

2004年毕业于昆明大学建筑设计系，2004—2010年任中策装饰设计师，2010—2012年任独立设计师。专注室内环境艺术设计10余年，擅长混搭风格、东南亚风格、欧美风格、现代风格等多种风格的样板间设计、商业店面、办公室设计。多次在《设计家》《云南设计》等行业知名专业刊物刊登作品。

所获荣誉：
获2016澳门国际设计联展第三届"金莲花杯"国际设计大师邀请赛"办公空间类"提名奖
获第二届金装奖室内设计大赛金奖
获中策奥运杯设计大赛二等奖
获金装奖工装类铜奖

林克基金总部办公楼

林克基金总部办公楼

刘长东

苏州金螳螂建筑设计股份有限公司 第五设计院院长
江门艾力斯本作室内设计有限公司 设计总监
1992—1996年 就读于苏州工艺美术学院室内设计专业
1996—2000年 苏州第二建筑工程集团室内设计师
2001—2016年 苏州金螳螂建筑设计股份有限公司历任设计师、所长、
院长助理、总院副总设计师

2016年 荣获澳门国际设计联展第三届"金莲花杯"国际设计大师邀请赛
"公共空间类"银奖

苏州 太湖文化论坛

苏州 太湖文化论坛

苏州 太湖文化论坛

苏州 太湖文化论坛

谢智明

大木明威社建筑设计有限公司（中国香港/上海/佛山）合伙人、设计总监
佛山市城匠建筑设计院有限公司明威分公司 负责人、院长
中国建筑学会室内设计分会第十（佛山）专业委员会会长
中国建筑学会室内设计分会理事
2011年 中国室内设计师年度十大封面人物获得者
2016年 荣获澳门国际设计联展第三届"金莲花杯"国际设计大师邀请赛
"公共空间类"铜奖

谢智明，国内具有影响力的设计师，其众多优秀作品参加中国及亚太地区
设计大赛，脱颖而出，屡获嘉奖，许多作品被国内各大优秀刊物刊登。

佛山 智慧新城服务中心

佛山 智慧新城服务中心

周千秋

大连卡萨装修设计有限公司 设计总监
2009—2011年 HSD水平线空间设计有限公司 设计师
2012年至今 大连卡萨装修装修设计有限公司 设计总监

2016年 荣获中国（大连）室内设计国际论坛优秀设计师奖
2016年 荣获澳门国际设计联展第三届"金莲花杯"国际设计
大师邀请赛"公共空间类"提名奖

天津 创客公寓

天津 创客公寓

曹 健

新加坡KCD设计咨询有限公司 总经理、总设计师
弘佳装饰集团 首席设计师
中国建筑装饰设计协会注册高级设计师

主要荣誉：
2008年 荣获云南"大商汇杯"优秀设计师奖
2009年 荣获云南原创设计大赛最佳创意奖
2009年 荣获第三届红土室内设计大赛方案类优秀奖
2010年 荣获第二届中国原创设计大赛金奖
2010、2011年 作品入选《中国创意界》系列丛书
2012年 荣获中国室内设计周大赛金奖
2012年 荣获第四届红土地室内设计大赛优秀奖
2013年 荣获第九届中国国际室内设计双年展金奖
2015年 荣获中国室内设计第二届金装奖铜奖和"十佳设计师"称号
2016年 荣获澳门国际设计联展第三届"金莲花杯"国际设计大师
邀请赛"公共空间类"提名奖

怡泰祥珠宝有限公司

怡泰祥珠宝有限公司

彭 华

上海唯设艺术设计工程有限公司 创始人、艺术总监、首席执行官

中国博物馆协会会员

高级室内设计师

中级工艺美术师

武汉大学建筑工程硕士

2015年 荣获"居然杯"CIDA中国室内设计大奖——公共空间·文化空间奖

2016年 荣获澳门国际设计联展第三届"金莲花杯"国际设计大师邀请赛
"公共空间类"提名奖

四川 泸州博物馆

四川 泸州博物馆

深圳市零柒伍伍装饰设计有限公司

深圳市零柒伍伍装饰设计有限公司，于1996年6月由著名设计师黄治奇先生创立，总部设立在深圳，在惠州成立了相当规模的分公司，是目前亚洲地区集管理、运行、经营策划、前期建筑规划与设计以及酒店、娱乐休闲、商业空间的规划、设计及施工于一体的集团化企业。

20年来，公司一直倡导设计人性化与激进设计，有着领先的设计意识和不断创新的冲劲，凭着深厚的艺术修养和专业素质，深得业界人士好评。目前拥有CBD区域高档豪华办公场地、20多名国内外各界设计大师、最先进的设计实验室、研发机构与近200人的设计团队。拥有各国详细设计资信的资料库、各大品牌合作商家的配饰物料库，以及一批经验深厚的精英施工团队。

业绩常年处于业内领先地位，并多次荣获年度最佳设计团队称号、亚太地区百大最受欢迎设计公司、亚洲地区娱乐休闲空间设计特别贡献、深圳市爱心理事单位等荣誉称号。公司的服务及作品被客户广泛认可，且被多家投资集团指定为长期合作设计及施工单位。公司近年业务已开拓至欧美地区，在意大利、俄罗斯、英国、西班牙、加拿大、新加坡等国家设置办事处，并与多家国际设计公司建立了良好的战略合作关系。

2016年 荣获澳门国际设计联展第三届"金莲花杯"国际设计大师邀请赛"商业空间类"金奖

深圳 水世界水疗会所

深圳 水世界水疗会所

深圳 水世界水疗会所

358

深圳 水世界水疗会所

朱回瀚

武汉设计联盟学会会长
澳门国际设计联合会理事
中国国家职业技能鉴定高级考评员
中国室内装饰协会设计专业委员会委员
中国美术家协会会员
湖北省室内装饰协会设计专业委员会主任委员
意大利米兰理工大学设计学院硕士
获第六届中国国际设计艺术博览会国际环境艺术创新设计华鼎奖一等奖
被第六届中国国际设计艺术博览会评选为十大最具影响力机构
第七届中国国际建筑装饰及设计博览会十大最具影响力设计师获得者
2013年 获广州设计周中国室内设计年度优秀作品
2013年 获CIDA中国室内设计大师提名奖
2014年 获第十届中国国际室内设计双年展金奖
2016年 获澳门国际设计联展第三届"金莲花杯"国际设计大师邀请赛"商业空间类"银奖

武汉 王子饭店

武汉 王子饭店

武汉 王子饭店

武汉 王子饭店

于明天

大连卡萨装修设计有限公司 主任设计师

擅长效果图制作，绘制平面、立面、剖面图。在设计上有着敏锐嗅觉和创新精神，对室内设计行业十分热爱。思维活跃，在交流中经常进出思想的火花，有很多好的想法，时常记录自己的灵感，积累自己独一无二的"素材库"，并运用到今后的作品当中，使得自己的设计生动饱满、富有思想。

2009—2011年 大连漫设计空间 设计师
2012年至今 大连卡萨装修设计有限公司 主任设计师
2016年 中国（大连）室内设计国际论坛优秀设计师奖
2016年 荣获澳门国际设计联展第三届"金莲花杯"国际设计大师邀请赛"商业空间类"铜奖

代表作品：
南京六合区观湖郡私人别墅设计、大连龙湖水晶丽湾私人会所设计、大连伊休木质禅意生活馆设计、大连木瑞祥展示空间设计、大连明秀庄园私人别墅设计、大连金石滩阳光地中海别墅设计、大连万科溪之谷私人别墅设计。

大连 龙湖水晶丽湾私人会所

大连 龙湖水晶丽湾私人会所

蔡祝源

佛山市博思道设计顾问有限公司（深圳／广州／佛山）合伙人、执行总监
高级室内建筑师
澳门国际设计联合会副秘书长
中国建筑学会室内设计分会第十（佛山）专业委员会副会长
国际品牌与设计交流中心（IBID）佛山执行秘书长
2016年荣获澳门国际设计联展第三届"金莲花杯"国际设计大师邀请赛"商业空间类"提名奖

博思道（BOSI TAO）设计顾问有限公司是一家定位为中小型的设计公司。以设计为核心，提升品牌价值的整合设计服务。涵盖室内空间、品牌识别系统、展览和后期软装配套设计等服务。博思道团队致力于全方位发展建材展示空间、商业品牌、餐厅／会所、精品酒店等四大块业务。博思道的理念根植于"博无界，思有道"的哲学概念去满足不同层次的审美需求。寻找差异化设计，采用整体化方法解决设计问题。

Qualicer奇丽砂｜微型综合体

Qualicer奇丽砂｜微型综合体

余良麒

深圳后象设计师事务所 设计师

2016年荣获澳门国际设计联展"金莲花杯"国际设计大师
邀请赛"商业空间类"提名奖

周捞爷火锅大戏院

周捞爷火锅大戏院

苏艳莊

广东顺德世筑名家建筑装饰工程有限公司 总设计师

中国建筑学会室内设计分会第十（佛山）分会理事

中国建筑学会室内设计分会十五年·十五人称号

2016年 荣获澳门国际设计联展"金莲花杯"国际设计大师邀请赛"商业空间类"提名奖

十胜川 日本料理店

十胜川 日本料理店

赵 鹏

江苏省建筑装饰设计研究院有限公司 副院长
2005年 被评为全国室内装饰行业优秀室内设计师
2008年 荣获中国室内设计精英奖
2013年 荣获中国室内设计卓越成就奖
2013年 被评为江苏省技术能手、江苏省经济技术创新能手
荣获江苏省第六届室内装饰设计大赛一等奖
荣获第七届中国室内装饰设计双年展铜奖
荣获江苏省第七届室内装饰设计大赛一等奖
荣获第八届中国室内设计双年展铜奖
荣获江苏省第八届室内装饰设计大赛一等奖
荣获江苏省第九届室内装饰设计大赛特等奖
2016年 荣获澳门国际设计联展第三届"金莲花杯"国际设计大师
邀请赛"室内空间方案类"金奖

招商银行南京分行招银大厦

招商银行南京分行招银大厦

招商银行南京分行招银大厦

招商银行南京分行招银大厦

伍铁志

香港IVS设计有限公司 设计总监
国际设计师协会国际注册资深室内建筑师
中国装饰协会高级室内建筑师
中国装饰协会杰出中青年室内建筑师

1990—1994年 广州美术学院学习环境艺术设计专业，期间在华南
理工学院建筑系进修建筑学课程，被派至中央工艺美院学习
1994—2000年 深圳市卓艺装饰设计工程有限公司 设计部总监
2000—2008年 进修清华大学酒店设计高级研修班
2016年 荣获澳门国际设计联展第三届"金莲花杯"国际设计大师
邀请赛"室内空间方案类"银奖

海南 三亚红塘湾旅游度假区销售中心

海南 三亚红塘湾旅游度假区销售中心

海南 三亚红塘湾旅游度假区销售中心

海南 三亚红塘湾旅游度假区销售中心

李海军

苏州金螳螂建筑装饰股份有限公司 第二设计公司主任设计师、工程师
2003年毕业于中国矿业大学

主要业绩：
无锡京东文化广场设计
保定万博广场设计
盐城金大洋城市生活广场设计
南京青奥中心会议中心设计
邯郸美乐城购物中心设计
南京百家湖商业广场设计
江门汇悦城购物中心设计
徐州和信商业广场设计

主要奖项：
2012年 荣获"永隆星空间杯"江苏省室内设计、陈设设计大奖赛"商业空间方案类"优秀奖
2013年 荣获南京室内设计大奖赛"公装方案类"一等奖
2014年 荣获南京室内设计大奖赛"公装方案类"三等奖
2014年 荣获南京室内设计大奖赛"公装方案类"优秀奖
2016年 荣获澳门国际设计联展第三届"金莲花杯"国际设计大师邀请赛"室内空间方案类"铜奖

南京 丰盛雨花客厅商业中心

南京 丰盛雨花客厅商业中心

单昱俊

苏州金螳螂建筑装饰股份有限公司 主任设计师
国家注册一级建造师
高级室内建筑师
高级室内设计师
亚太酒店设计协会理事

获奖荣誉：
2009年 获"尚高杯"中国室内设计大奖赛三等奖、苏州名仕会SPA佳作奖
2009年 获中国室内设计大奖赛优秀奖
2009年 获"尚高杯"中国室内设计大奖赛优秀奖
2010年 获亚太大奖赛优秀奖
2010年 获中国室内空间环境设计大赛酒店类二等奖
2010—2011年国际环境艺术创新奖获得者
2011—2012年度"室内设计百强人物"获得者
2012年 获CIDA中国室内设计大奖
2015年 获澳门国际设计联展第二届"金莲花杯"国际设计大师邀请赛
　　　　"室内空间方案类"铜奖
2016年 获澳门国际设计联展第三届"金莲花杯"国际设计大师邀请赛
　　　　"室内空间方案类"提名奖

龙湖金融中心四区C4-06

龙湖金融中心四区C4-06

铁　柱

苏州金螳螂建筑装饰股份有限公司上海设计公司 主案设计师
中国建筑学会室内设计分会会员
中国建筑学会室内设计分会注册高级室内建筑师

所获奖项：
2013年 荣获金堂奖年度优秀酒店空间设计奖
2013年 荣获金堂奖年度十佳餐饮空间设计奖
2013年 荣获金堂奖年度优秀餐饮空间设计奖
2015年 荣获中国建筑装饰设计奖酒店类银奖
2015年 荣获第六届筑巢奖银奖
2015年 荣获亚太室内设计酒店类铜奖
2016年 荣获澳门国际设计联展第三届"金莲花杯"国际设计大师
邀请赛"室内空间方案类"铜奖

海南 海花岛会议会展中心

海南 海花岛会议会□□

刘家雄

江门艾力斯本作室内设计有限公司 设计总监

2003—2006年 广州华业鸿图装饰设计有限公司 主笔设计师

2007—2010年 顺德顺奇装饰设计有限公司 园林规划设计总监

2011—2015年 江门名品点石设计事务所 设计总监

主要荣誉:

2016年 荣获澳门国际设计联展第三届"金莲花杯"国际设计
大师邀请赛"空间方案类"提名奖

时代耐享科技展厅

时代耐享科技展厅

MACAO
澳门国际设计联展
INTERNATIONAL
DESIGN EXHIBITION

金莲花
Golden Lotus

第二届"金莲花杯"国际
（澳门）大学生设计大赛
获奖作品

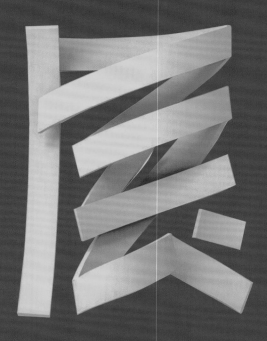

第二届"金莲花杯"国际（澳门）大学生设计大赛获奖作品名录

建筑·景观·规划类

金奖：吕守拓、黄杰、王婉琳

银奖：胡凤美

铜奖：邓振龙

提名奖：朱坚、王坤；角志硕、杜柳；陈睿鑫、陈帅

室内空间类

金奖：卢晗、吴敏庚、邬易安

银奖：李薇

铜奖：黄瑞

提名奖：陈少凯、陈锡豪、林佩婷、林沙莎；林旭旭、史伟俊、陈玉华、何妃敏；曾柏强

吕守拓、黄杰、王婉琳

指导老师：石克辉
在读院校：北京交通大学
2016年 荣获澳门国际设计联展第二届"金莲花杯"国际（澳门）大学生
设计大赛"建筑·景观·规划类"金奖

《鸟类研究》
地块周围有稻田、水塘和路面、沼泽、滩涂、浅滩、河流等湿地所有元素，我们拥有了最大基数的鸟类并进行了详细的研究。不同的鸟类有不同的栖息环境和觅食习惯，按照科、目对其进行分类，查阅资料，分析总结它们的栖息环境和觅食习惯。对鸟类一一分类，再结合场地，可以得出一份详细的分析。我们对洞口的朝向、大小、位置进行了设计并和鸟的种类一一对应。

鸟类研究

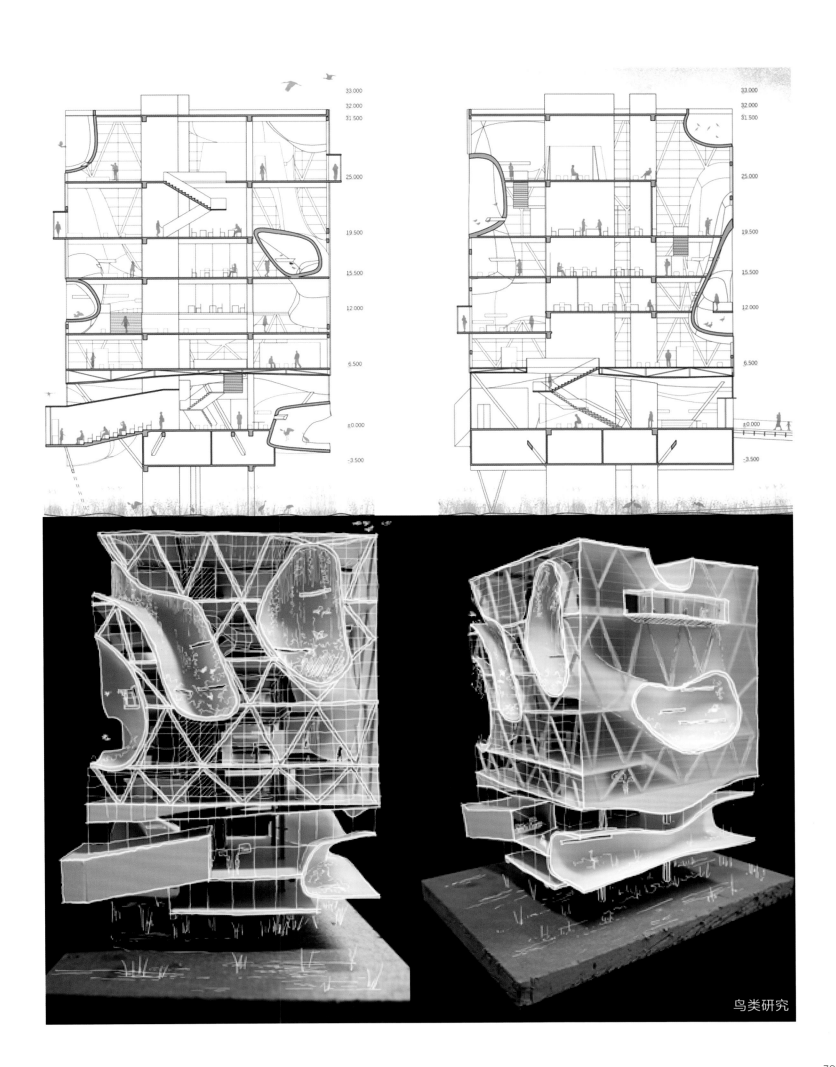

鸟类研究

鸟类研究

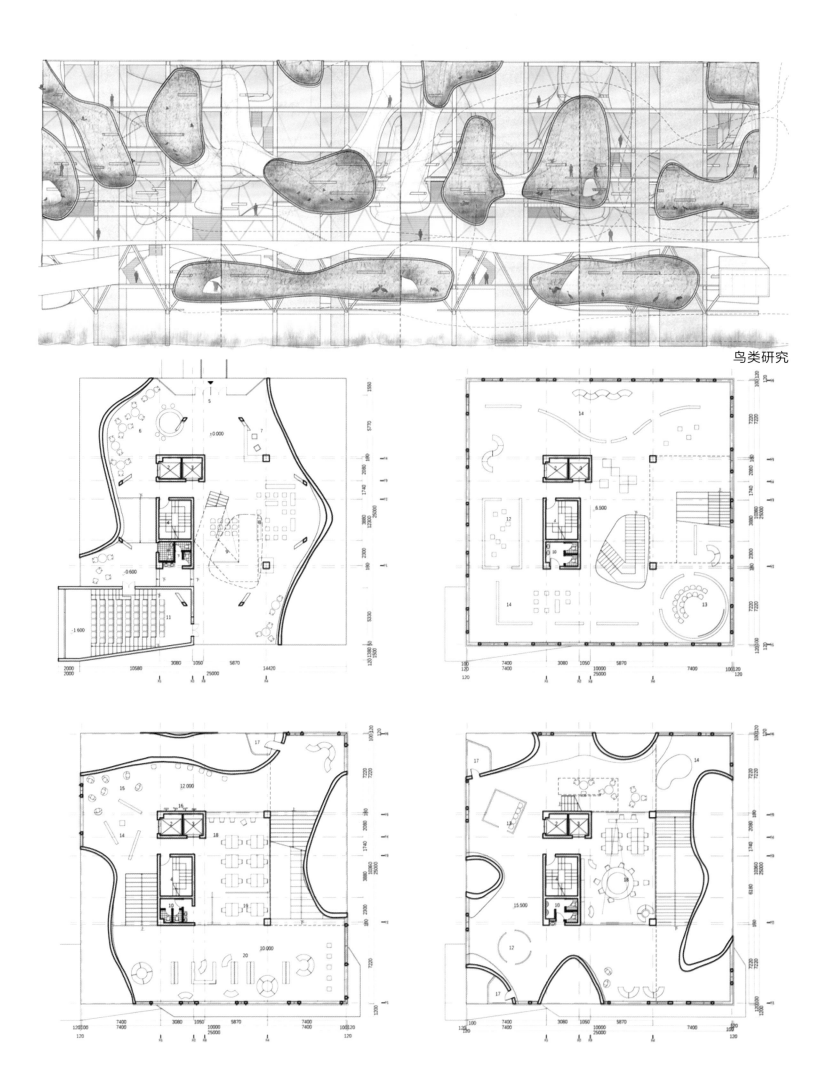

鸟类研究

胡凤美

指导老师：李泰山 蔡同信

在读院校：广州美术学院城市学院

2016年 荣获澳门国际设计联展第二届"金莲花杯"国际（澳门）

大学生设计大赛"建筑·景观·规划类"银奖

竹居

竹居

竹居

竹居

邓振龙

指导老师：苍惠杉

在读院校：吉林大学珠海学院

2016年 荣获澳门国际设计联展第二届"金莲花杯"国际（澳门）

大学生设计大赛"建筑·景观·规划类"铜奖

安乐禅林——文化展览中心设计

安乐禅林——文化展览中心设计

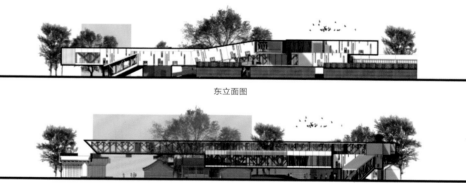

东立面图

南立面图

朱坚　　　　　王坤

指导老师：赵乃龙 孙奎利

在读院校：天津美术学院

2016年 荣获澳门国际设计联展第二届"金莲花杯"国际（澳门）大学生设计大赛"建筑·景观·规划类"提名奖

樟木小镇设计方案

樟木小镇设计方案

角志硕、杜 柳

指导老师：彭军 高颖

在读院校：天津美术学院

2016年 荣获澳门国际设计联展第二届"金莲花杯"国际（澳门）

大学生设计大赛"建筑·景观·规划类"提名奖

启·承 天津近代历史博物馆建筑景观及室内设计

启·承 天津近代历史博物馆建筑景观及室内设计

陈 帅　　　　陈睿鑫

指导老师：贺勇

在读院校：南昌大学 浙江大学

IDW杭州国际设计周参展作品

2016年 荣获澳门国际设计联展第二届"金莲花杯"国际（澳门）大学生设计大赛"建筑·景观·规划类"提名奖

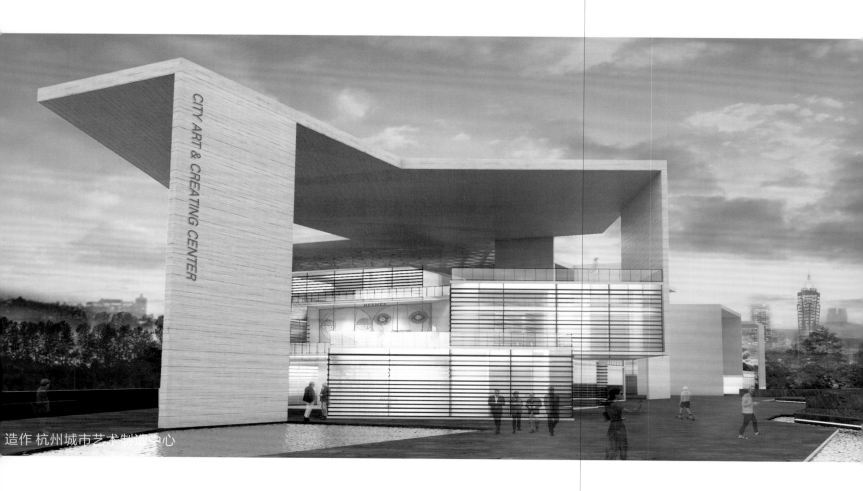

造作 杭州城市艺术制造中心

一层平面 ——— Plan 1F

三层平面 ——— Plan 3F

二层平面 ——— Plan 2F

Topographic Transforming & Direction
城市和山地历史拓扑关系

Orientation & Heavy Traffic Flow
区域方位及道路流向指向性

Base-Grid Orientation
轴线网格控制

Terrain & Traffic Tendency
山地及交通趋向

Program-based Adjusting
功能形体组合

Main Cubes
组合逻辑生成

Links & Roof Forming
抬空和通道组合

Platform & Reforming
灰空间和屋顶重构

造作 杭州城市艺术制造中心

卢晗、吴敏庚、邬易安

指导老师：田启龙

在读院校：福州大学厦门工艺美术学院

2016年 荣获澳门国际设计联展第二届"金莲花杯"国际（澳门）大学生

设计大赛"室内空间类"金奖

远征 帆船体验店设计

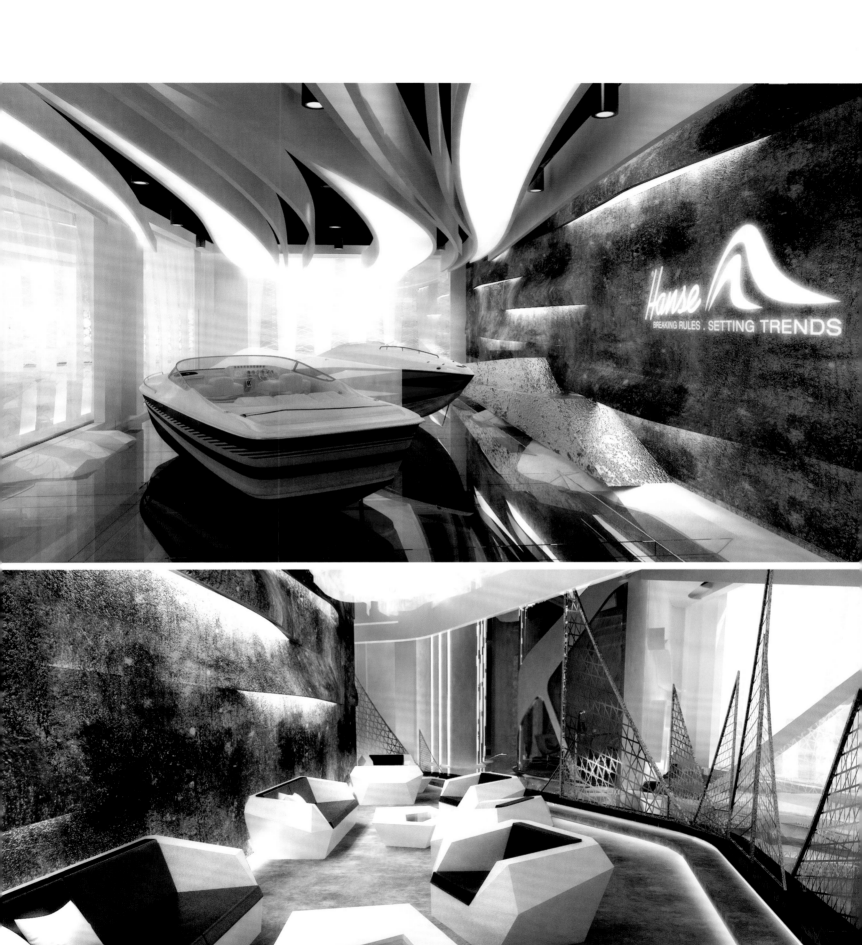

远征 帆船体验店设计

远征 帆船体验店设计

逃离计划 东渡互通立交东引桥桥下空间设计

李 薇

指导老师：梁青 叶昱

在读院校：福州大学厦门工艺美术学院

2016年 荣获澳门国际设计联展第二届"金莲花杯"国际（澳门）

大学生设计大赛"室内空间类"银奖

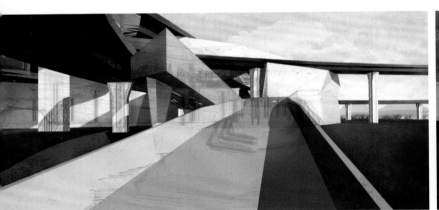

逃离计划 东渡互通立交东引桥桥下空间设计

410

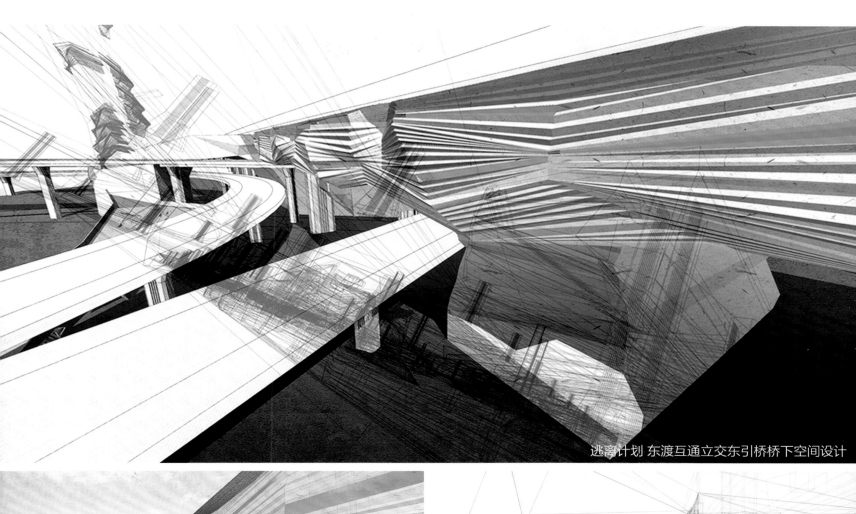

逃离计划 东渡互通立交东引桥桥下空间设计

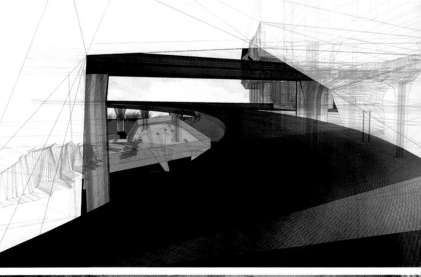

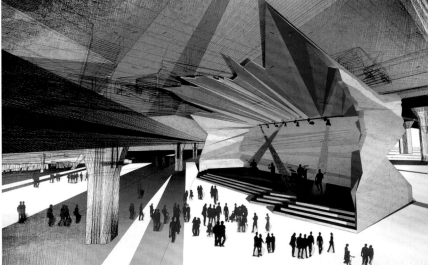

逃离计划 东渡互通立交东引桥桥下空间设计

黄 端

指导老师：吕海雪

在读院校：广东嘉应学院

2016年 荣获澳门国际设计联展第二届"金莲花杯"国际（澳门）

大学生设计大赛"室内空间类"铜奖

街头涂鸦主题餐厅

街头涂鸦主题餐厅

陈少凯　　　　陈锡豪　　　　林佩婷　　　　林沙莎

指导老师：田启龙

在读院校：福州大学厦门工艺美术学院

2016年 荣获澳门国际设计联展第二届"金莲花杯"国际（澳门）大学生设计大赛"室内空间类"提名奖

SEUL

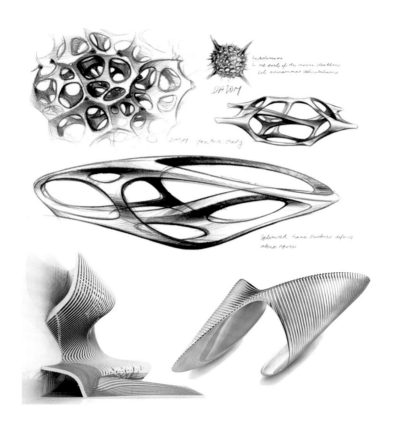

林旭旭　史伟俊

陈玉华　何妃敏

指导老师：刘玉华
在读院校：北京理工大学珠海学院
2016年 荣获澳门国际设计联展第二届"金莲花杯"国际（澳门）大学生设计
大赛"室内空间类"提名奖

BEGIN AGAIN 沙龙美发

BEGIN AGAIN 沙龙美发

曾柏强

指导老师：汪蓝

在读院校：澳门科技大学

2016年 荣获澳门国际设计联展第二届"金莲花杯"国际（澳门）

大学生设计大赛"室内空间类"提名奖

梦·蝶 十五年后快捷酒店设计方案

梦·蝶 十五年后快捷酒店设计方案

ufi
Approved Event

2017 MIECF

Macao International Environmental Co-operation Forum & Exhibition

2017年澳门国际环保合作发展论坛及展览

30 / 03 - 01 / 04 / 2017 · 澳门 MACAO

关注环保 · 新近自然 · 分享乐活
Thinking Green · Going Clean · Living Cool

创新绿色发展
可持续的未来

Innovative Green Developmen
For Sustainable Future

KUR-World Cup
库林世界杯·环保建筑设计大奖赛
Kur-World Cup丨Environmental Award for Architecture & Design

为使更多的人"关注环保·亲近自然·分享生活",在澳门特区政府大力推广文创产业的背景下,于2017年澳门国际环保合作发展论坛及展览(MIECF)期间,开展库林世界杯·环保建筑设计大奖赛,旨在传播环保理念,推动环保设计与新型环保材料的结合。借此提供给澳门及澳门以外的青年设计师们发挥专业水平、大胆创新的舞台,并鼓励其成为具有高度社会责任感的创新型人才;呼吁全社会共同努力践行绿色家居生活、化废物为珍宝、提高环境意识,保护我们人类赖以生存的环境。纵观当今的环保设计、环保产品,多数与回收再制造、无污染、低污染的材料、技术相关。如纸张回收、废物利用、塑料再生,都属于资源再生型生产,在一定意义上减少排放和新物料制造,降低对环境的影响;另一个方面,如甲醛释放量较低、达到国际标准的大芯板、胶合板、纤维板等,构建所需材料可以是无毒无害型和低毒、低排放型。

本次大赛是澳门国际设计联合会主办的一年一度的澳门国际设计联展中一个重要板块,将开发商、设计师、材料商通过比赛、展览及论坛的形式紧密联系起来,由开发商提供在澳大利亚计划实施的项目实例,设计师将以往未参与案例投稿参赛,在设计中融入环保材料及环保设计理念。通过绿色建筑对环境保护的重要意义进行探析,构建一个自然、建筑和人文和谐统一的环境。

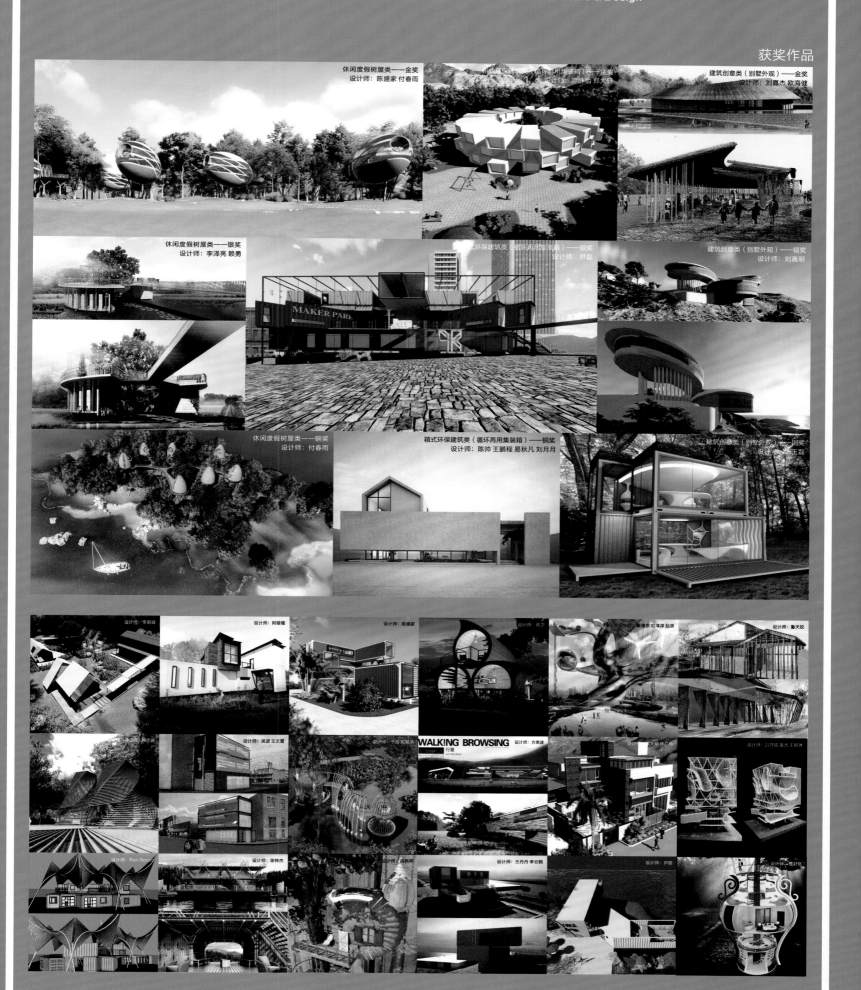

图书在版编目（CIP）数据

第三届"金莲花杯"国际设计大师邀请赛获奖作品集/
符军著． —— 南京：江苏凤凰科学技术出版社，2017.10
　　ISBN 978-7-5537-6829-8

　　Ⅰ．①第… Ⅱ．①符… Ⅲ．①建筑设计－作品集－世
界－现代 Ⅳ．①TU206

　　中国版本图书馆CIP数据核字(2017)第237647号

第三届"金莲花杯"国际设计大师邀请赛获奖作品集

编　　　著	符　军
项 目 策 划	凤凰空间/杜玉华
责 任 编 辑	刘屹立　赵　研
特 约 编 辑	杜玉华

出 版 发 行	江苏凤凰科学技术出版社
出版社地址	南京市湖南路1号A楼，邮编：210009
出版社网址	http://www.pspress.cn
总 　经 　销	天津凤凰空间文化传媒有限公司
总经销网址	http://www.ifengspace.cn
印　　　刷	上海利丰雅高印刷有限公司

开　　　本	990 mm×1341 mm　1／16
印　　　张	26.5
字　　　数	216 000
版　　　次	2017年10月第1版
印　　　次	2017年10月第1次印刷

标 准 书 号	978-7-5537-6829-8
定　　　价	498.00元（精）

图书如有印装质量问题，可随时向销售部调换（电话：022-87893668）。